Le calcul des réservoirs en zone sismique

Également aux éditions Eyrolles (extrait du catalogue)

Généralités

Jean-Paul ROY & Jean-Luc BLIN-LACROIX, *Dictionnaire professionnel du BTP*, 3e éd. 2011, 848 p.

Eurocodes (en coédition avec l'Afnor)

Jean ROUX, *Maîtriser l'Eurocode 2. Guide d'application*, 2009, 338 p.
– *Pratique de l'Eurocode 2. Guide d'application*, 2009, 626 p.
Jean-Marie PAILLÉ, *Calcul des structures en béton. Guide d'application de l'Eurocode 2*, 2e éd., 640 p. (juillet 2013).
Jean-Louis GRANJU, *Introduction au béton armé. Théorie et applications courantes selon l'Eurocode 2*, 2012, 272 p.
APK, sous la direction de Jean-Pierre MUZEAU, *Manuel de construction métallique. Guide d'application de l'Eurocode 3*, 256 p.
Yves BENOIT, Bernard LEGRAND & Vincent TASTET, *Calcul des structures en bois. Guide d'application de l'Eurocode 5*, 2e éd. 2011, 512 p.
– *Dimensionner les barres et les assemblages en bois. Guide d'application de l'Eurocode 5 à l'usage des artisans*, 2012, 256 p.
Marcel HUREZ, Nicolas JURASZEK & Marc PELCÉ, *Dimensionner les ouvrages en maçonnerie. Guide d'application de l'Eurocode 6*, 2009, 328 p.
Alain CAPRA & Aurélien GODREAU, *Ouvrages d'art en zone sismique. Guide d'application de l'Eurocode 8*, 2012, 128 p.
Victor DAVIDOVICI (sous la direction de) avec Alain CAPRA, Dominique CORVEZ, Shahrokh GAVAMIAN, Véronique LE CORVEC et Claude SAINTJEAN, *Pratique du calcul sismique. Guide d'application de l'Eurocode 8*, 2013, 256 p.

Méthodes

Collectif Capeb/CTICM/ConstruirAcier, *Structures métalliques : ouvrages simples. Guide technique et de calcul d'éléments structurels en acier*, 2013, 104 p.
Collectif, *Lexique de construction métallique*, nouvelle édition revue et mise à jour par Jean-Pierre Muzeau, collection « Les essentiels acier », coédition ConstruirAcier, 2013, 368 p.
Pierre-Claude AÏTCIN & Sidney MINDESS avec le concours de Jean-Louis GRANJU et de Gilles ESCADEILLAS, *Écostructures en béton : comment diminuer l'empreinte carbone des structures en béton*, 2013, 288 p.
Michel BRABANT, Béatrice PATIZEL, Armelle PIÈGLE & Hélène MÜLLER, *Topographie opérationnelle*, 3e éd. 2011, 424 p.
Jean-Louis GRANJU, *Béton armé. Théorie et applications selon l'Eurocode 2*, 2011, 480 p.
Marc LANDOWSKI & Bertrand LEMOINE, *Concevoir et construire en acier*, collection « Les essentiels acier », 2011, 112 p. coédition ConstruirAcier
Christian LEMAITRE, *Les matériaux de construction*
1. Propriétés physico-chimiques des matériaux, 2012, 144 p.
2. Mise en œuvre et emploi des matériaux, 2012, 288 p.

…et des centaines d'autres livres de BTP, de génie civil, de construction et d'architecture sur www.editions-eyrolles.com

Xavier Lauzin

Le calcul des réservoirs en zone sismique

Guide d'application de l'Eurocode 8

ÉDITIONS EYROLLES
61, bd Saint-Germain
75240 Paris Cedex 05
www.editions-eyrolles.com

AFNOR ÉDITIONS
11, rue Francis-de-Pressensé
93571 La Plaine Saint-Denis Cedex
www.boutique-livres.afnor.org

Le programme des Eurocodes structuraux comprend les normes suivantes, chacune étant en général constituée d'un certain nombre de parties :

EN 1990 Eurocode 0 : Bases de calcul des structures
EN 1991 Eurocode 1 : Actions sur les structures
EN 1992 Eurocode 2 : Calcul des structures en béton
EN 1993 Eurocode 3 : Calcul des structures en acier
EN 1994 Eurocode 4 : Calcul des structures mixtes acier-béton
EN 1995 Eurocode 5 : Calcul des structures en bois
EN 1996 Eurocode 6 : Calcul des structures en maçonnerie
EN 1997 Eurocode 7 : Calcul géotechnique
EN 1998 Eurocode 8 : Calcul des structures pour leur résistance aux séismes
EN 1999 Eurocode 9 : Calcul des structures en aluminium

Les normes Eurocodes reconnaissent la responsabilité des autorités réglementaires dans chaque État membre et ont sauvegardé le droit de celles-ci de déterminer, au niveau national, des valeurs relatives aux questions réglementaires de sécurité, là où ces valeurs continuent à différer d'un État à un autre.

© Afnor et Groupe Eyrolles, 2013
ISBN Afnor : 978-2-12-465425-3
ISBN Eyrolles : 978-2-212-13740-8

Table des matières

CHAPITRE 1

Généralités

1.1 Données de base

1.1.1 Présentation

On peut simplifier les structures terrestres de la façon suivante :

- pour un rayon inférieur à 1 200 km, nous sommes dans le noyau interne dont l'épaisseur est de l'ordre de 1 200 km ;
- pour un rayon compris entre 1 200 et 3 500 km, nous sommes dans le noyau externe (épaisseur de l'ordre de 2 300 km) ;
- pour un rayon compris entre 3 500 et 5 670 km, nous nous trouvons dans le manteau inférieur (épaisseur moyenne de 2 170 km) ;
- de 5 670 km à la surface, nous abordons le manteau supérieur dont l'épaisseur est de l'ordre de 700 km.

La croûte terrestre part du manteau supérieur et est composée de la lithosphère (sur 100 km environ) puis de couches granitiques (sur 10 km environ) et enfin de couches basaltiques (sur les 20 km suivants).

Les séismes se développent principalement dans les terrains rigides, donc essentiellement dans les 100 premiers kilomètres du socle rocheux.

À l'intérieur de ce socle, la vitesse des ondes est telle que :

Tableau 1.1 Vitesses des ondes sismiques

Épaisseur en km	matériaux	Vitesse des ondes principales	Vitesse des ondes secondaires
10	granites	6 km/s	3,5 km/s
20	basaltes	6,5 km/s	3,7 km/s
manteau	supérieur	8 km/s	4,5 km/s

Nota

Les ondes primaires ou de compression mettent localement le milieu en compression ou en extension dans le même sens que la propagation.

Les ondes secondaires ou de cisaillement engendrent des cisaillements dans le milieu transversalement à la direction de propagation.

1.1.2 Évaluation d'un séisme

Elle peut être réalisée à partir des deux échelles suivantes :

- *la magnitude* : il s'agit de l'énergie libérée par le séisme. La quantification se fait à partir de mesures accélérométriques du sol en champ libre. La formule est alors du type : Log E = $a + b$M où M est la mesure de l'échelle de Richter ;
- *les effets ressentis à la surface du sol* : il s'agit de collecter les réactions des personnes ou le comportement d'objets, de structures qui prennent ainsi la place d'une instrumentation. C'est l'échelle MSK puis, plus récemment, l'échelle EMS 98. Ces échelles sont basées sur :
  - la réaction des individus ;
  - le comportement des structures ;
  - les altérations du paysage et de l'environnement.

Tableau 1.2 Échelle macrosismique MSK de 1964

Degré de l'échelle	Perception	Effets
I	Secousse non perceptible	Intensité de vibration en dessous du seuil de perception humaine (séismographe uniquement).
II	Secousse à peine perceptible	Secousse ressentie uniquement par quelques individus.
III	Secousse faible ressentie de façon partielle	Secousse ressentie par quelques personnes à l'intérieur des constructions et à l'extérieur dans des circonstances favorables.
IV	Secousse largement ressentie	Séisme ressenti à l'intérieur des constructions par de nombreuses personnes et par quelques-unes à l'extérieur. La vibration est comparable à celle due au passage d'un camion lourdement chargé. Les assiettes tremblent. Les planchers et les murs craquent.
V	Réveil des dormeurs	Séisme ressenti à l'intérieur par tout le monde et à l'extérieur par de nombreuses personnes. Les constructions sont agitées d'un tremblement général. Léger dommage au 1er degré possible dans les bâtiments de type A (argile, pisé, pierre tout-venant). Modification du débit des sources.
VI	Frayeur	Séisme ressenti à l'intérieur et à l'extérieur par tout le monde. Frayeur générale, quelques personnes perdent l'équilibre. Le mobilier lourd se déplace. Dommage de 1er degré dans de nombreuses constructions de type A et certaines de type B (briques ordinaires, blocs de béton, maçonnerie-bois, pierre de taille). Crevasses de l'ordre du centimètre dans les sols détrempés, changement dans le débit des sources.

VII	Dommages aux constructions	La plupart des personnes sont effrayées et se précipitent dehors. Beaucoup ont des difficultés à rester debout. Les cloches se mettent à sonner.
		Dommages de 1er degré dans les bâtiments de type C (béton armé, bois), de 2e degré dans les bâtiments de type B, de 3e degré dans les bâtiments de type A.
		Des vagues se forment sur l'eau. Les débits des sources changent. Certaines se tarissent. Les talus peuvent s'ébouler partiellement.
VIII	Destruction des bâtiments	Personnes effrayées et ayant du mal à rester debout.
		Les branches d'arbres se cassent. Le mobilier lourd se renverse.
		Dommages de 2e degré dans les bâtiments de type C (béton armé, bois) et parfois de 3e degré, de 3e degré dans les bâtiments de type B et parfois de 4e degré, de 4e degré dans les bâtiments de type A et parfois de 5e degré.
		Les monuments et les statues se déplacent. Les murs de pierre s'effondrent.
		Petits glissements de terrain. Les crevasses du sol atteignent plusieurs centimètres. De nouvelles retenues d'eau se créent dans les vallées. Des puits asséchés se remplissent.
		Changements dans les débits et les niveaux d'eau.
IX	Dommages généralisés aux constructions.	Panique générale. Dégâts considérables aux mobiliers.
		Dommages de 3e degré dans les bâtiments de type C (béton armé, bois) et parfois de 4e degré, de 4e degré dans les bâtiments de type B et parfois de 5e degré, de 5e degré dans les bâtiments de type A.
		Les monuments et les statues se déplacent. Les murs de pierre s'effondrent. Rupture partielle des canalisations souterraines. Rails de chemin de fer et routes endommagés.
		Projections d'eau et de sable et de boue sur les plages.
		Les crevasses atteignent 10 cm et les dépassent sur les pentes et les berges de rivière.
		Chutes de rochers, nombreux glissements, grandes vagues.
		Des puits asséchés retrouvent leur débit et les puits existants peuvent s'assécher.
X	Destruction générale des bâtiments	Dommages de 4e degré dans les bâtiments de type C (béton armé, bois) et parfois de 5e degré, de 5e degré dans les bâtiments de type B, de 5e degré dans les bâtiments de type A.
		Les lignes de chemin de fer sont tordues, les barrages sont endommagés. Les canalisations souterraines sont rompues, les pavages et l'asphalte forment des ondulations.
		Les crevasses du sol peuvent atteindre 1 m de large. Il se produit de larges crevasses parallèles aux cours d'eau ainsi que des glissements de terrain.
		Déplacements de sable et de boue dans les zones littorales.
		De nouveaux lacs se créent.
XI	Catastrophe	Dommages sévères aux bâtiments, aux ponts, aux routes, aux barrages, aux lignes de chemin de fer.
		Les canalisations souterraines sont détruites.
		Le terrain est déformé par de larges crevasses et de nombreux glissements de terrain.

XII	Changement de paysage.	Pratiquement toutes les structures au-dessus et au-dessous du sol sont endommagées. La topographie est bouleversée, d'énormes crevasses accompagnées d'importants déplacements sont observées. Des vallées sont barrées et transformées en lacs. Des rivières sont déviées.

Nota

Les premiers degrés (de I à IV) ne traitent pas des dommages aux constructions.

La règle de progression arithmétique n'est pas réellement suivie, par exemple entre VI et VII.

Cette échelle constitue un outil d'observation des effets. Les degrés d'intensité donnent le niveau de vibration du sol sur la base des effets observés dans une zone donnée.

L'échelle EMS 98 (échelle macroscopique européenne) est établie selon le schéma suivant :

Tableau 1.3 Classification des dégâts aux ouvrages en maçonnerie

Degré 1	Dégâts négligeables à légers. Aucun dégât structurel, légers dégâts non structurels (fissures capillaires, chute de petits débris de plâtre…).
Degré 2	Dégâts modérés. Dégâts structurels légers, dégâts non structurels modérés (fissures dans les murs, chutes de morceaux de plâtre, effondrement partiel des cheminées).
Degré 3	Dégâts sensibles à importants. Dégâts structurels modérés, dégâts non structurels importants (fissures importantes, tuiles de toit se détachant, fractures des cheminées à leur base, défaillance de cloisons, murs pignons…).
Degré 4	Dégâts très importants. Dégâts structurels importants, dégâts non structurels très importants (défaillance sérieuse des murs, défaillance structurelle partielle des toits et des planchers).
Degré 5	Destruction. Dégâts structurels très importants (effondrement total ou presque).

Tableau 1.4 Classification des dégâts aux ouvrages en béton armé

Degré 1	Dégâts négligeables à légers. Aucun dégât structurel, légers dégâts non structurels (fissures fines dans les cloisons et les remplissages, dans le plâtre sur les parties structurelles…).
Degré 2	Dégâts modérés. Dégâts structurels légers, dégâts non structurels modérés (fissures dans les structures de type portique, dans les structures avec murs, dans les cloisons et les remplissages. Chute de revêtement friable, chute de mortier).
Degré 3	Dégâts sensibles à importants. Dégâts structurels modérés, dégâts non structurels importants (fissures dans les poteaux et dans les nœuds à la base de l'ossature et aux extrémités des linteaux, écaillage du revêtement du béton, flambement des barres longitudinales…).
Degré 4	Dégâts très importants. Dégâts structurels importants, dégâts non structurels très importants (fissures importantes des éléments structuraux avec défaillance en compression du béton et rupture des barres à haute adhérence, basculement des poteaux, écroulement de quelques poteaux ou d'un étage supérieur).

Degré 5	Destruction. Dégâts structurels très importants (effondrement total ou presque).

L'échelle des degrés d'intensité reprend les principes de l'échelle MSK en fonction des classes de vulnérabilité suivantes :

Tableau 1.5 Classes de vulnérabilité des structures

Type de structure		Classe de vulnérabilité					
		A	**B**	**C**	**D**	**E**	**F**
Maçonnerie	Moellon brut tout venant	○					
	Brique crue (adobe)	○—					
	Pierre brute	···○					
	Pierre massive		—○···				
	Non renforcée, avec des éléments préfabriqués	···○···					
	Non renforcée, avec des planchers en béton armé		—○···				
	Renforcée ou chaînée			···○—			
Béton armé	Ossature sans conception parasismique (CPS)	···········○···					
	Ossature avec un niveau moyen de CPS		·······—○—				
	Ossature avec un bon niveau de CPS			········—○—			
	Murs sans CPS		···○—				
	Murs avec un niveau moyen de CPS			···○—			
	Murs avec un bon niveau de CPS				···○—		
Acier	Structures en charpente métallique			·······—○—			
Bois	Structures en bois de charpente		·······—○—				

○ Classe de vulnérabilité la plus probable ; — Intervalle probable ;
···· Intervalle de probabilité plus faible, cas exceptionnels

1.1.3 Les mouvements du sol

Si l'on considère un site exempt de construction (champ libre) et d'accident topographique, le mouvement du sol dû au séisme peut être repéré localement (ouest-est ou nord-sud et vertical).

Lors d'une secousse sismique dont la durée peut dépasser la minute, tout point du sol se déplace dans toutes les directions.

Ce déplacement est caractérisé par une accélération, c'est ainsi que pour une même direction du mouvement, l'accélérogramme montre une succession de valeurs oscillantes avec ou sans changement de signe.

Si l'on observe les enregistrements de l'accélération dans les trois directions, on observe des diagrammes comparables pour les directions horizontales et des valeurs plus faibles pour l'accélération verticale.

Si l'on considère maintenant un site avec des constructions, le sol mis en mouvement va agir sur ces dernières par l'entremise des fondations.

Pour que le fonctionnement des superstructures puisse être étudié, il faut que les fondations fassent l'objet d'un mouvement synchrone.

Cette contrainte suppose que l'emprise du sol demeure circonscrite, que le sol lui-même soit exempt d'effets tels que tassements, glissements, liquéfaction.

Les études parasismiques ont alors pour but de maîtriser la stabilité de l'ouvrage sous l'effet d'une excitation cyclique par la base.

Nota

Les mesures concernent donc :

– l'accélération du sol ;

– la vitesse du sol ;

– le déplacement du sol ;

et ce, dans les trois directions (nord-sud, est-ouest, verticale).

Il est à noter que plus on se rapproche de l'épicentre, plus la composante verticale est proche de l'horizontale.

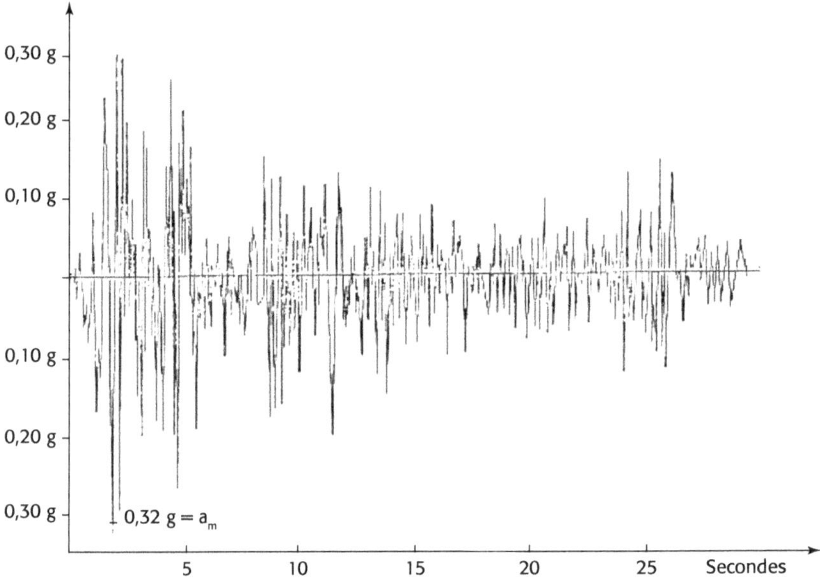

Figure 1.1 Accélérogramme de la composante nord-sud d'El Centro (mai 1940)
CEBTP Georges Carbonell

1.1.4 Caractérisation dynamique des structures

Si l'on considère un système (oscillateur simple) non pesant soumis à des forces extérieures $p(t)$ variables avec le temps, l'équation du mouvement est donnée par :

$m\, d^2u/dt^2 + c\, du/dt + ku = p(t)$.

Avec :

- m masse de l'oscillateur simple ;

- c coefficient d'amortissement ;

- k coefficient de raideur.

Si l'on suppose le milieu pesant, l'équation reste identique, on ajoute à l'action dynamique l'action statique du milieu pesant sur la masse du système.

Si l'on suppose enfin que la force $p(t)$ agit non plus sur la masse, mais sur son appui sur le sol, et si ce dernier fait l'objet d'une accélération dans le sens du degré de liberté du système, on constate que l'équation du mouvement est encore applicable, la force $p(t)$ étant équivalente au produit de la masse par l'accélération du sol.

C'est le cas des séismes pour lesquels la donnée d'entrée est l'accélération du sol.

L'équation précédente peut se mettre sous la forme :

$d^2u/dt^2 + 2\omega\zeta\, du/dt + \omega^2 u = p(t)/m.$

avec : $\omega^2 = k/m$ et $\zeta = c/(2(km)^{1/2})$

Cette équation montre que la connaissance de la pulsation ω et du coefficient d'amortissement ζ permet de caractériser le mouvement.

Si $p(t) = 0$, alors les oscillations ne sont plus forcées et deviennent libres (cas de la structure que l'on écarte de sa position d'équilibre et que l'on laisse osciller librement).

On peut alors considérer différents cas d'oscillations.

1.1.4.1 Les oscillations libres non amorties

Dans ce cas $c = 0$ et $p(t) = 0$. Le mouvement est sinusoïdal et dit conservatif avec $\omega^2 = k/m$. Le déplacement est alors de la forme : $u(t) = a\cos\omega t + b\sin\omega t$.

1.1.4.2 Les oscillations libres, amorties ou dissipatives

C'est le cas où $p(t) = 0$. Le mouvement est encore sinusoïdal amorti avec une pseudo-pulsation qui vaut : $\omega_D = \omega(1-\zeta^2)^{1/2}$; or on sait que pour la majorité des constructions, le coefficient d'amortissement est très inférieur à 20 %. On peut donc confondre la pseudo-pulsation avec la pulsation à 2 % près pour la seule détermination des périodes propres d'une structure en considérant cette dernière momentanément dépourvue d'amortissement.

1.1.4.3 Les oscillations forcées et amorties

On considère une force $p(t)$ harmonique de la forme $p(t) = p_0 \sin{}_\alpha t$. L'équation du mouvement est alors donnée par : $m\, d^2u/dt^2 + c\, du/dt + ku = p_0 \sin\alpha t$.

L'intégration de cette équation se fait sous la forme d'un déplacement :

$u(t) = (A\sin\omega t + B\cos\omega t)\, e^{-\zeta\omega t} + p_0/k\,\lambda\,\sin(\alpha t - a)$

Le déplacement est composé de deux termes :

- un premier terme correspondant à un régime transitoire disparaissant rapidement ;
- un second terme correspondant à un régime permanent.

On peut donc écrire u sous la forme : $u(t) = p_0/k\,\lambda\,\sin(\alpha t - a)$.

Où :

- p_0/k est l'action statique de la force appliquée ;
- λ le coefficient d'amplification dynamique qui dépend du rapport des pulsations de l'excitateur et de l'oscillateur et de l'amortissement de ce dernier ;
- α la pulsation de l'oscillateur.

Lorsque $\alpha = \omega$ il y a résonance. Lorsque $\zeta \leq 0{,}5$ %, il y a amplification dynamique.

Cette amplification sera maximale pour $\alpha^2 = \omega^2 = k/m$.

1.1.4.4 Les oscillations forcées et dissipatives

Si $p(t)$ est quelconque, alors la solution de l'équation est donnée par l'intégrale de Duhamel.

> **Note sur l'amortissement des structures**
>
> Les valeurs de l'amortissement des structures étant difficilement calculables, ce sont les valeurs expérimentales qui ont été retenues en considérant des oscillations libres ; la variation d'amplitude est alors mesurée au bout de n cycles.
>
> La valeur de l'amortissement est déduite de cette expérience en appliquant la formule :
>
> $$\frac{u(t+dt)}{u(t)} = exp\left(-\frac{2\pi n\zeta}{\sqrt{1-\zeta^2}}\right)$$
>
> Il est à noter qu'avec un amortissement relatif de 5 %, le système est presque entièrement amorti après une dizaine d'oscillations.
>
> Il en résulte que les structures de génie civil en oscillation libre s'amortissent très vite.
>
> **Note sur la dissipation de l'énergie**
>
> Si l'amortissement est nul, alors toute l'énergie accumulée par le système est restituée, le système est conservatif.
>
> Si l'amortissement n'est pas nul, alors on peut tracer la courbe représentative du travail absorbé par l'amortissement ,et l'amortissement lui-même. Cette courbe délimite l'aire de boucle représentant l'énergie absorbée du fait de l'amortissement au terme de chaque cycle.
>
> **Note sur les oscillateurs multiples**
>
> Si l'on considère un oscillateur comportant n nœuds (modèle « brochette »), ce système comporte n périodes propres.
>
> Le 1er mode correspond à l'amplitude la plus grande, les autres modes voient leurs amplitudes aller en diminuant.
>
> Pour les structures simples, le 1er mode est ainsi le plus contraignant, pour les structures complexes, les autres modes peuvent être plus défavorables (par exemple, pour les aéroréfrigérants, c'est le 57e mode).

1.1.5 Les spectres de réponse

Nous avons vu précédemment que le séisme pouvait être caractérisé par son accélération au niveau du sol.

Il en résulte que si l'on connaît la loi de variation de cette accélération pour un séisme donné, il est alors possible de tracer les courbes donnant le déplacement relatif maximal Sd en fonction de la période $T = 2\Pi/\omega$ et de l'amortissement ζ pour tous les oscillateurs simples.

On considère alors la valeur Sa correspondant à l'accélération absolue quand le déplacement est maximal.

La valeur de la pseudo-accélération Sa est donnée par : $Sa = \omega^2 Sd$.

On peut également définir une pseudo-vitesse par : $Sv = \omega Sd$.

Les courbes représentant Sa et Sv en fonction de la période T sont appelées *spectres de réponse* relatifs à l'accélération ou à la vitesse.

Les spectres de réponse ne donnent que la valeur maximale absolue (positive ou négative) de la variable (déplacement, accélération, vitesse). Il n'est pas possible de déterminer le moment où ce maximum s'est produit.

Les valeurs fournies par les spectres permettent de calculer la valeur maximale des efforts dynamiques (par exemple, $F = m\,Sa$).

Spectre de réponse et spectre de calcul :

- on voit que le spectre de réponse issu de l'accélérogramme présente une succession de pics qui peut rendre difficile son utilisation ;
- les spectres de calcul sont issus du lissage des spectres de réponse et constituent l'enveloppe des spectres obtenus sur la base de plusieurs accélérogrammes.

Les différents règlements permettent la construction de ces spectres de calcul en champ libre.

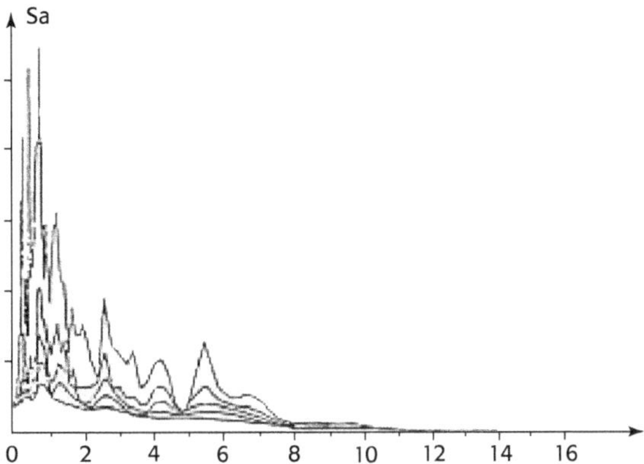

Figure 1.2 Composante nord-sud, séisme d'El Centro
CEBTP Georges Carbonell

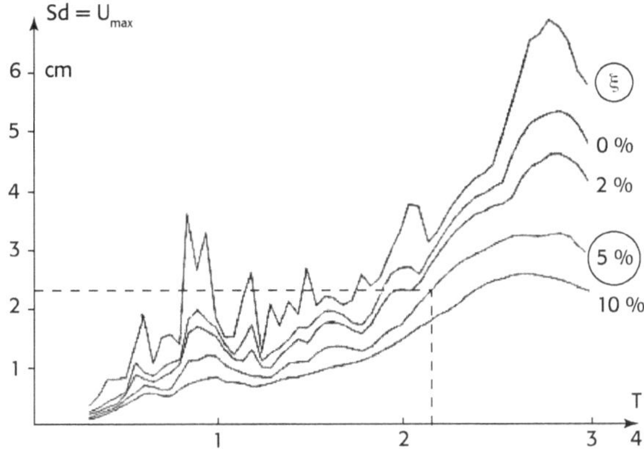

Figure 1.3 Spectre de réponse en déplacement, séisme d'El Centro
CEBTP Georges Carbonell

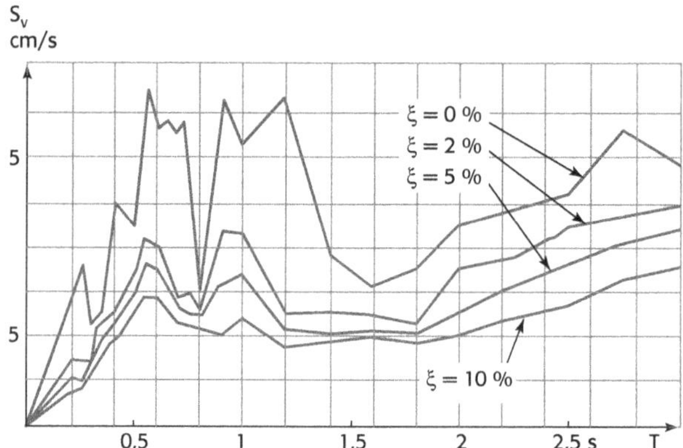

Figure 1.4 Spectre de réponse des vitesses, séisme d'El Centro
CEBTP Georges Carbonell

1.1.6 La géotechnique en zone sismique

Les **règles PS 69** précisaient à l'article sur les fondations qu'il convenait, si le choix était possible, de privilégier les fondations sur du rocher plutôt que sur des sols meubles du fait de l'importance des mouvements nettement plus grande dans ce dernier cas.

Le choix portait également sur des terrains compacts, non compartimentés de préférence aux terrains fracturés, éboulis, alluvions récentes, aux sols présentant un indice des vides élevé et aux sols saturés en eau.

Dans ces derniers cas, il était recommandé, lors des études géotechniques, de s'assurer que l'on ne se trouve pas en présence de sols dont les propriétés sont susceptibles de se trouver modifiées par des vibrations d'origine sismique.

Les **règles PS 92** donnent des prescriptions communes à tous les ouvrages qui sont résumées ci-après.

1.1.6.1 Voisinage des failles

Aucun ouvrage de classe A, B, C, D (voir § 1.2.1.3) ne doit être édifié au voisinage immédiat d'une faille reconnue active, même si son tracé n'est que supposé. Les largeurs des bandes à neutraliser sont inscrites dans les plans d'exposition aux risques (PPER). Pour les ouvrages qui pourraient franchir une faille tels que des réseaux, des routes, il conviendra d'estimer les grandeurs des déplacements relatifs des bords de la faille et de prévoir des dispositions constructives adaptées.

Nota

Dans les recommandations AFPS 90 (1re version non publiée), cette bande était fixée à 50 m pour la zone inconstructible et la zone à partir de laquelle la faille n'exerçait plus d'influence à 300 m.

1.1.6.2 Influence de la topographie

Certaines topographies de surface sont susceptibles d'amplifier les mouvements sismiques dans certaines bandes de fréquence.

L'article 5.24 des règles PS 92 permet au travers d'un coefficient d'amplification topographique de tenir compte de cette contrainte. Les zones à risques mentionnées sont principalement les rebords de crête, les arêtes, les éperons, les pitons... Ce coefficient τ intervient dans la définition des spectres d'accélération pour le calcul des structures, dans certaines dispositions constructives (§ 9.3 et 9.311) concernant les fondations et dans le calcul des déplacements différentiels entre deux points du sol.

1.1.6.3 Classification des sols

Il en résulte que les règles PS 92 définissent le classement qualitatif des sols suivant :

- *rocher sain* ;
- *groupe a* : sols de résistance bonne à très bonne (sables et graviers compacts, marnes ou argiles raides fortement consolidées) ;
- *groupe b* : sols de résistance moyenne (sables et graviers moyennement compacts...) ;
- *groupe c* : sols de faible résistance (sables ou graviers lâches, argiles molles, craies altérées...).

Les valeurs quantitatives sont résumées dans le tableau 1.6 (page suivante).

1.1.6.4 Classification des sites géotechniques

Ces sites sont définis en fonction des types de sol et de leur épaisseur. Ils sont répartis en quatre grandes catégories (figure 1.5).

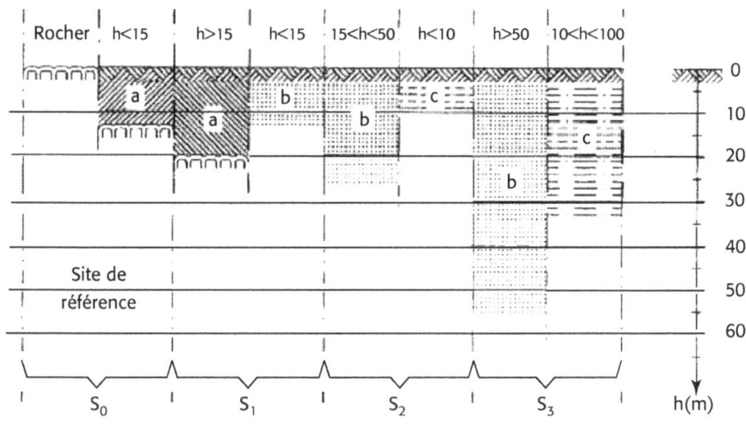

Figure 1.5 Classification des sols (Règles PS 92)

La norme attire l'attention sur le fait qu'un spectre peut être plus défavorable qu'un autre dans une certaine bande de périodes et plus favorable dans une autre bande.

Une étude spéciale est à réaliser pour les comportements sismiques des sols de groupe c lorsque leur épaisseur est supérieure à 100 m.

Tableau 1.6 Caractéristiques des sols (Règles PS 92)

Type de sol Résistance (MPa)		Pénétromètre statique	SPT Nombre de coups Module (MPa)	Pressiomètre Pression limite (MPa)	Pressiomètre Compression simple (MPa)	Résistance (%)	Densité relative (Cc)	Indice de compression (m/s)	Vitesse des ondes de cisaillement Sous la nappe (m/s)	Vitesse des ondes longitudinales Hors nappe (m/s)	Vitesse des ondes longitudinales (m/s)
Rochers	Rochers sains et craies dures	-	-	> 100	> 5	> 10	-	-	> 800	-	> 2 500
Catégorie a Sols de bonne à très bonne résistance mécanique	Sols granulaires compacts	> 15	> 30	> 20	> 2	-	> 60	-	> 400	> 1 800	> 800
Catégorie a Sols de bonne à très bonne résistance mécanique	Sols cohérents (argiles ou marnes dures)	> 5	-	> 25	> 2	> 0,4	-	< 0,02	> 400	-	> 1 800
Catégorie b Sols de résistance mécanique moyenne	Rochers altérés ou fractures	-	-	50 à 100	2,5 à 5	1 à 10	-	-	300 à 800	-	400 à 2 500
Catégorie b Sols de résistance mécanique moyenne	Sols granulaires moyennement compacts	5 à 15	10 à 30	6 à 20	1 à 2	-	40 à 60	-	150 à 400	1 500 à 1 800	500 à 800
Catégorie b Sols de résistance mécanique moyenne	Sols cohérents moyennement consistants et craies tendres	1,5 à 5	-	5 à 25	0,5 à 2	0,1 à 0,4	-	0,02 à 0,10	150 à 400	-	1 000 à 1 800
Catégorie c Sols de faible résistance mécanique	Sols granulaires lâches	< 5	< 10	< 8	< 1	-	< 40	-	< 150	< 1 500	< 500
Catégorie c Sols de faible résistance mécanique	Sols cohérents mous (argiles molles ou vases) et craies altérées	< 1,5	< 2	< 5	< 0,5	< 0,1	-	> 0,10	< 150	< 1 500	< 500

1.1.6.5 Les risques de liquéfaction des sols

Ils sont mentionnés aux § 4.12 et 9 des règles PS 92.

La liquéfaction des sols est un phénomène physique qui conduit à la perte totale de résistance au cisaillement par augmentation de la pression interstitielle.

Ce phénomène peut être étudié en laboratoire à partir de différents essais cycliques (tels qu'essai triaxial cyclique, essai cyclique à la boîte de Casagrande, essai cyclique de cisaillement par torsion) dans lesquels l'augmentation de la pression interstitielle est observée en fonction du nombre de cycles. Cet essai est réalisé dans des conditions strictes de confinement (pression interstitielle et contrainte effective verticale), il s'agit d'un essai dit *de résistance au cisaillement cyclique* jusqu'à obtention de la liquéfaction de l'échantillon et cela pour chaque valeur de la contrainte maximale de cisaillement imposée pendant l'essai. On détermine ainsi la contrainte maximale de cisaillement correspondant au nombre de cycles *n* donnés par la zone de sismicité.

Le critère de liquéfaction à retenir est le suivant : *sont considérés comme liquéfiables les sols au sein desquels les contraintes de cisaillement engendrées par le séisme dépassent 75 % de la contrainte de cisaillement provoquant la liquéfaction.*

Tableau 1.7 Tableau des nombres de cycles équivalents selon les zones de sismicité

Zone de sismicité	*n*
1a et 1b	5
II	10
III	20

Dans la mesure où les essais en laboratoire ne sont pas réalisables, des corrélations ont été mises en évidence entre les résultats de certains essais in situ et l'existence du risque de liquéfaction (voir *Dynamique des sols* d'A. Pecker paru aux presses des Ponts et Chaussée en mars 1993).

Ces essais sont principalement des essais de pénétration dynamique (SPT) ou de pénétration statique avec pièzocone.

À partir de là, les règles PS 92 considèrent comme liquéfiables les sols suivants :

Tableau 1.8 Caractéristiques des sols liquéfiables

Sables, silts	Sols argileux
Degré de saturation $S_1 = 100 \%$ Granulométrie peu étalée $0,05 < D50 < 1,5\ \mu m$ $\sigma'v < 200$ kPa en zones 1a et 1b $\sigma'v < 250$ kPa en zone II $\sigma'v < 300$ kPa en zone III	$D15 > 15\ \mu m$ Limite de liquidité $W_L < 35 \%$ Teneur en eau $w > 0,9\ W_L$ Point représentatif au-dessus de la droite A sur le diagramme de plasticité

L'EC8 définit comme les PS 92 les paramètres de calcul permettant de quantifier l'action sismique.

1.1.6.6 Influence de la topographie

Les prescriptions suivantes sont définies dans l'annexe A à l'EN 1998-5. Ce paragraphe précise que pour les structures importantes ($\gamma_1 > 1$ en catégories III et IV), il convient de tenir compte des effets d'amplification liés au profil topographique du terrain dès lors que les dénivelées excèdent 30 m et les pentes 15°. Ce coefficient d'amplification ST multiplie les ordonnées du spectre de réponse (tableau 1.9).

Tableau 1.9 Influence de la topographie

Pente	Valeur de ST1	Valeur de ST2
< 15°	1	1
> 15°	1,2	1,2
> 30°	1,4	1,2

Nota

ST1 concerne l'amplification au niveau d'une butte isolée de plus de 30 m de haut.

ST2 concerne l'amplification au niveau d'un plateau adjacent à un versant de plus de 30 m de haut.

Pour des couches lâches de terrain, ces valeurs sont multipliées par 1,2

1.1.6.7 Classification des sols

L'EC8 définit cinq classes principales de sol (A, B C, D, E) et deux classes spéciales (S1 et S2). Ces classes dépendent des profils stratigraphiques et prennent en compte l'influence des conditions locales de sol sur l'action sismique. Les classes S1 et S2 requièrent des études géotechniques spécifiques.

Les paramètres permettant le classement des sols sont :

- la vitesse moyenne des ondes de cisaillement $v_{s,30}$ (la valeur de la vitesse moyenne est donnée par $30/(\Sigma h_i/v_i)$) sur les 30 m supérieurs du sol ;
- les valeurs d'essais pénétrométriques dynamiques SPT ;
- la résistance du sol au cisaillement non drainé c_u.

Tableau 1.10 Caratéristiques des classes de sols

Classe de sol	Description du profil stratigraphique	$v_{s,30}$ (m/s)	N_{spt} (coups/30 cm)	C_u (kPa)
A	Rocher ou autre forme géologique de ce type comportant une couche superficielle d'au plus 5 m de matériau moins résistant	> 800	-	-
B	Dépôts raides de sable, de graviers ou d'argile surconsolidée, d'au moins plusieurs dizaines de mètres d'épaisseur caractérisés par une augmentation progressive des propriétés mécaniques avec la profondeur.	360-800	> 50	> 250
C	Dépôts profonds de sable de densité moyenne, de gravier ou d'argile moyennement raide, ayant des épaisseurs de quelques dizaines à plusieurs centaines de mètres.	180-360	15-50	70-250

D	Dépôts de sol sans cohésion de densité faible à moyenne (avec ou sans couches cohérentes molles) ou comprenant une majorité de sols cohérents mous à fermes.	< 180	< 15	< 70
E	Profil de sols comprenant une couche superficielle d'alluvions avec des valeurs de *vs* de classe C ou D et une épaisseur comprise entre 5 m environ et 20 m reposant sur un matériau plus raide avec *vs* > 800 m/s.	-	-	-
S1	Dépôts composés ou contenant une couche d'au moins 10 m d'épaisseur d'argiles molles/vases avec un indice de plasticité élevé (IP > 40) et une teneur en eau importante.	< 100 (valeur Indicative)	-	10-20
S2	Dépôts de sols liquéfiables, d'argiles sensibles, ou tout autre profil de sol non compris dans les classes A à E ou S1.	-	-	-

1.1.6.8 La liquéfaction des sols

Le § 4.1.4 de l'EN 1998-5 décrit les conditions pour lesquelles il est permis de négliger le risque de liquéfaction. Ces conditions sont les suivantes :

- les sables contiennent une proportion d'argile supérieure à 20 % avec un indice de plasticité supérieur à 10 ;

- les sables contiennent une proportion de silts supérieure à 35 % et sont susceptibles de résister à un nombre de coups SPT supérieur à 20 ;

- les sables sont propres (pourcentage de fines inférieur à 5 %) et sont susceptibles de résister à un nombre de coups SPT supérieur à 30.

Il convient en même temps de vérifier que $(a_g/g).S < 0,15$.

De plus, l'arrêté du 22 octobre 2010 précise que :

« *En zones de sismicité 1 et 2 (sismicité très faible et faible), l'analyse de la liquéfaction n'est pas requise.* »

Cette disposition a été également reprise dans l'arrêté du 26 octobre 2011 sur les ponts dits « à risque normal ».

1.2 La conception parasismique

1.2.1 Généralités

Les échelles évoquées précédemment (Richter et MSK) sont principalement qualitatives et ne sont pas directement utilisables dans le calcul parasismique des structures.

On a donc eu recours à des règles de calcul spécifiques.

L'évolution de la conception de ces règles parasismiques est résumée dans les paragraphes suivants.

1.2.1.1 Les règles PS 69

Elles s'appuyaient sur la notion d'*intensité macrosismique.*

Cette intensité était estimée par l'appréciation sur la construction des effets du séisme.

Il convenait alors d'établir une corrélation entre cette intensité et la description physique du mouvement du sol.

Les règles PS 69 proposaient donc la prise en compte d'une protection nominale des constructions basée sur l'intensité sismique i_N en prévision de laquelle cette dernière était projetée.

On considérait alors que « la construction était projetée pour l'intensité nominale i_N ».

La valeur de l'intensité nominale était définie en fonction :

- des zones de sismicité ;
- de la nature des constructions.

La France était découpée en quatre zones de séismicité :

- zone 0 : séismicité nulle ou négligeable ;
- zone 1 : faible séismicité ;
- zone 2 : moyenne séismicité ;
- zone 3 : forte séismicité.

Ce découpage était réalisé par cantons (voir carte, figure 1.6).

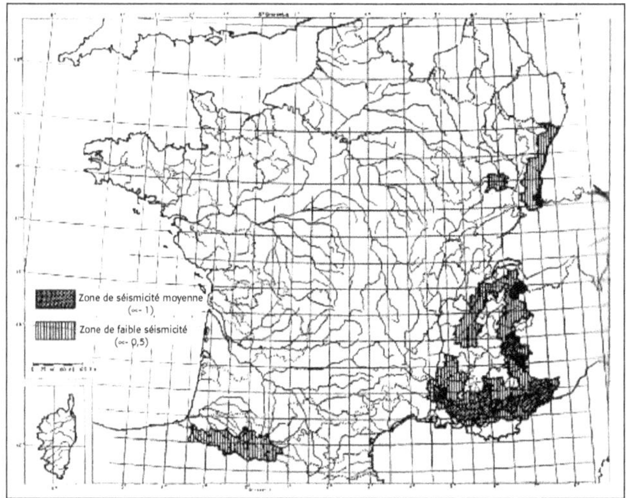

Figure 1.6 Carte des zones sismiques de la France (Règles PS 69)

Les valeurs des intensités nominales étaient alors résumées dans le tableau 1.11.

Tableau 1.11 Valeurs des intensités nominales

Groupe	Définition De la construction	Exemples De construction	i_N zone 1	i_N zone 2	i_N zone 3
I	Édifices offrant un risque dit normal pour la population.	Habitations, bureaux, usines, ateliers.	7 ($\alpha = 0,5$)	8 ($\alpha = 1$)	8,6 ($\alpha = 1,5$)
II	Édifices offrant un risque spécial du fait de leur fréquentation ou de l'importance primordiale pour la vie de la région.	Écoles, stages, salles de spectacle, halls de voyageurs, centrales thermiques…	7,6 ($\alpha = 0,75$)	8.3 ($\alpha = 1,2$)	8.8 ($\alpha = 1,7$)
III	Ouvrages dont la sécurité est primordiale pour les besoins de la protection civile.	Hôpitaux, casernes.	8 ($\alpha = 1$)	8.6 ($\alpha = 1,5$)	9 ($\alpha = 2$)
IV	Ouvrages dont la désorganisation présente un risque particulièrement grave.	Installations ayant trait à l'énergie atomique.	Au cas par cas	Au cas par cas	Au cas par cas

Nota :

La zone 3 ne concernait que la Guadeloupe et la Martinique.

Les valeurs des intensités nominales étaient de :

– $i_N = 7$ en zone de faible séismicité ($\alpha = 0,5$) ;

– $i_N = 8$ en zone de moyenne séismicité ($\alpha = 1$) ;

– $i_N = 8,6$ en zone de forte séismicité ($\alpha = 1,5$).

Le tableau 1.11 proposait des degrés de protection supérieurs en fonction de l'importance des bâtiments, α désignait le coefficient d'intensité.

Cette corrélation posait les problèmes suivants :

- les degrés d'intensité sont des valeurs discrètes alors que l'action sismique est continue ;

- la faiblesse du nombre d'observations enregistrées et la dispersion des résultats rendaient difficile l'établissement d'une loi mathématique ;

- les observations montraient qu'une même accélération du sol pouvait être associée à plusieurs degrés d'intensité de l'échelle ;

- les effets topographiques de surface, les effets de masque… pouvaient générer des variations locales de l'accélération ;

- la durée du séisme pouvait être telle qu'une même intensité était le résultat d'une secousse brève avec de fortes accélérations ou d'une secousse plus longue, mais avec des accélérations plus faibles.

1.2.1.2 Les recommandations AFPS 90

Elles s'appuyaient, dans le but d'éviter les écueils précédents, sur une grandeur mesurable, à savoir l'*accélération*.

La caractérisation de l'importance d'une secousse résultait alors d'un paramètre unique qui permettait de servir de base au calcul sismique de la structure.

Il s'agissait de l'accélération nominale a_N définie selon deux paramètres :

- la zone de sismicité ;

- la classe de l'ouvrage à réaliser.

Les recommandations distinguaient cinq zones de sismicité (tableau 1.12).

Tableau 1.12. Définition des zones sismiques

Classe	Zones de sismicité
0	Sismicité négligeable
1a	Très faible sismicité, mais non négligeable
1b	Faible sismicité
II	Sismicité moyenne
III	Forte sismicité.

À ces zones sismiques étaient associés des types d'ouvrage classés selon les risques que leur ruine pouvait occasionner à la population.

Ces classes sont présentées dans le tableau 1.13 (elles figuraient dans le décret 91-461 du 14 mai 1991).

Tableau 1.13 Classement des ouvrages selon les AFPS 90

Classes	Caractères des bâtiments	Exemples
A	Ouvrages dont la défaillance ne représente qu'un risque minime pour les personnes ou l'économie.	Murs de clôture, constructions agricoles.
B	Ouvrages et installations offrant un risque dit normal pour la population.	Habitations, bureaux, ateliers, usines.
C	Ouvrages représentant un risque élevé du fait de leur fréquentation ou de leur importance socioéconomique.	Locaux d'enseignement, salles de spectacle, halls de voyageurs, ERP, centres de production d'énergie.
D	Ouvrages et installations dont la sécurité est primordiale.	Hôpitaux, casernes, centres téléphoniques, dépôts de matériel stratégique.

À partir des deux entrants précédents, les recommandations AFPS définissaient alors la valeur de l'accélération nominale (tableau 1.14).

Tableau 1.14 Valeurs de l'accélération nominale selon les recommandations AFPS

Zones de Sismicité.	Classe A	Classe B	Classe C	Classe D
0	0	0	0	0
1a	0	0,10 g	0,15 g	0,20 g
1b	0	0,15 g	0,20 g	0,25 g
II	0	0,25 g	0,30 g	0,35 g
III	0	0,35 g	0,40 g	0,45 g

La corrélation entre l'accélération nominale et l'intensité macrosismique devait tenir compte de la probabilité de dépassement de la valeur moyenne considérée.

Ainsi, les différentes valeurs de l'accélération nominale et de l'intensité macrosismique étaient définies de la façon suivante (tableau 1.15) :

Tableau 1.15 Relation entre accélération nominale et intensité macrosismique

Accélération nominale	Probabilité de dépassement d'a_N pour une secousse de degré VII	Probabilité de dépassement d'a_N pour une secousse de degré VII	Probabilité de dépassement d'a_N pour une secousse de degré VII
0,20 g	25 %	65 %	87 %
0,25 g	16 %	50 %	84 %
0,30 g	12 %	35 %	75 %
0,40 g	7 %	25 %	65 %
0,50 g	5 %	16 %	50 %
0,60 g	3 %	12 %	35 %
0,70 g	2 %	9 %	29 %

1.2.1.3 Les règles PS 92

Ces règles sont définies dans l'arrêté du 16 juillet 1992 relatif à la classification et aux règles de construction parasismique applicables aux bâtiments de la catégorie dite « à risque normal » telle que définie par le décret 91-461 du 14 mai 1991.

Ces règles reprennent les principes des recommandations AFPS 90 avec certaines modifications (voir tableau 1.16).

Tableau 1.16 Classification des bâtiments

Classes	Caractères des bâtiments	Exemples
A	Ouvrage dont la défaillance ne représente qu'un risque minime pour les personnes ou l'économie.	Bâtiments dans lesquels est exclue toute activité humaine nécessitant un séjour de longue durée.
B	Ouvrage et installations offrant un risque dit normal pour la population.	Bâtiments d'habitation individuelle. Bâtiments d'habitation collective ou à usage de bureaux dont la hauteur ne dépasse pas 28 m. ERP de 4ᵉ et 5ᵉ catégories. Les bâtiments abritant des parcs de stationnement public. Les autres bâtiments pouvant accueillir moins de 300 personnes (bureaux non ERP, activité industrielle).
C	Ouvrages représentant un risque élevé du fait de leur fréquentation ou de leur importance socioéconomique.	Bâtiments d'habitation collective ou de bureaux de plus de 28 m. Les ERP des 1ʳᵉ, 2ᵉ et 3ᵉ catégories. Les autres bâtiments pouvant accueillir plus de 300 personnes. Les bâtiments sanitaires et sociaux à l'exception de ceux mentionnés en classe D.
D	Ouvrages et installations dont la sécurité est primordiale.	Les bâtiments dont la protection est primordiale pour les besoins de la sécurité civile et de la défense nationale et le maintien de l'ordre public (moyens opérationnels, bâtiments de la Défense). Les bâtiments contribuant au maintien des communications (centres de télécommunications, centres de diffusion et de réception, les relais, les tours de contrôle des aéroports, les salles de contrôle de la navigation aérienne). Les bâtiments des hôpitaux publics qui dispensent des soins de courte durée, chirurgie et obstétrique. *Les bâtiments de production et de stockage d'eau potable.* Les centres de distribution publique d'énergie. Les centres météorologiques.

Les valeurs de l'accélération sont également données en fonction de la zone de sismicité et de la classe de l'ouvrage (tableau 1.17).

Tableau 1.17 Définition des accélérations

Zones de Sismicité	Classe A	Classe B	Classe C	Classe D
0	0	0	0	0
1a	0	0,10 g	0,15 g	0,20 g
1b	0	0,15 g	0,20 g	0,25 g
II	0	0,25 g	0,30 g	0,35 g
III	0	0,35 g	0,40 g	0,45 g

La répartition géographique des zones concernées est donnée par la figure 1.7.

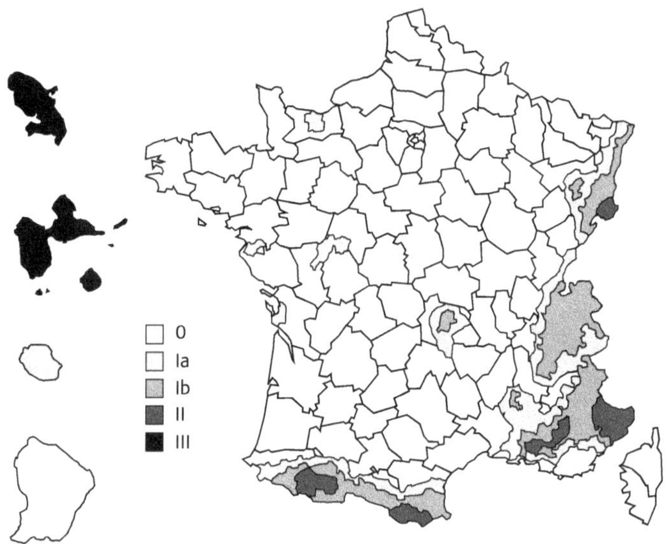

Figure 1.7 Zonage sismique de la France (Règles PS92)

1.2.1.4 L'EN 1998-1

Il reprend les dispositions des règles PS 92 en modifiant les points suivants :

- classes d'importance des bâtiments ;
- zonage sismique ;
- accélération au niveau du sol.

1.2.1.4.1 Classes d'importance des bâtiments

Tableau 1.18 Catégories d'importance des bâtiments

Catégorie d'importance	Description
I	Bâtiments dans lesquels il n'y a aucune activité humaine nécessitant un séjour de longue durée
II	Habitations individuelles. Établissements recevant du public (ERP) de catégories 4 et 5. Habitations collectives de hauteur > 28 m Bureaux ou établissements commerciaux non ERP, h ≤ 28 m, max 300 personnes. Bâtiments industriels pouvant accueillir au plus 300 personnes. Parcs de stationnement ouverts au public
III	ERP de catégories 1, 2 et 3. Habitations collectives et bureaux, h < 28 m. Bâtiments pouvant accueillir plus de 300 personnes. Établissements sanitaires et sociaux. Centres de production collective d'énergie. Établissements scolaires.
IV	Bâtiments indispensables à la sécurité civile, la défense nationale et le maintien de l'ordre public. Bâtiments assurant le maintien des communications, la production et le stockage d'eau potable, la distribution publique de l'énergie. Bâtiments assurant le contrôle de la sécurité aérienne. Établissements de santé nécessaires à la gestion de crise. Centres météorologiques.

L'arrêté du 22 octobre 2010 modifié le 19 juillet 2011 donne la valeur du coefficient d'importance en fonction de la catégorie du bâtiment (tableau 1.19).

Tableau 1.19 Valeurs du coefficient d'importance

Classe d'importance	Valeur de γ_1 selon l'EC8	Valeur de γ_1 selon l'AN	Selon l'arrêté du 22/10/2010
I	0,8	Fixée par l'administration	0,8
II	1,0	Fixée par l'administration	1,0
III	1,2	Fixée par l'administration	1,2
IV	1,6	Fixée par l'administration	1,4

1.2.1.4.2 Zonage sismique de la France

Le zonage sismique de la France en vigueur depuis le 1ᵉʳ mai 2011 est tel que représenté sur la carte de la figure 1.8.

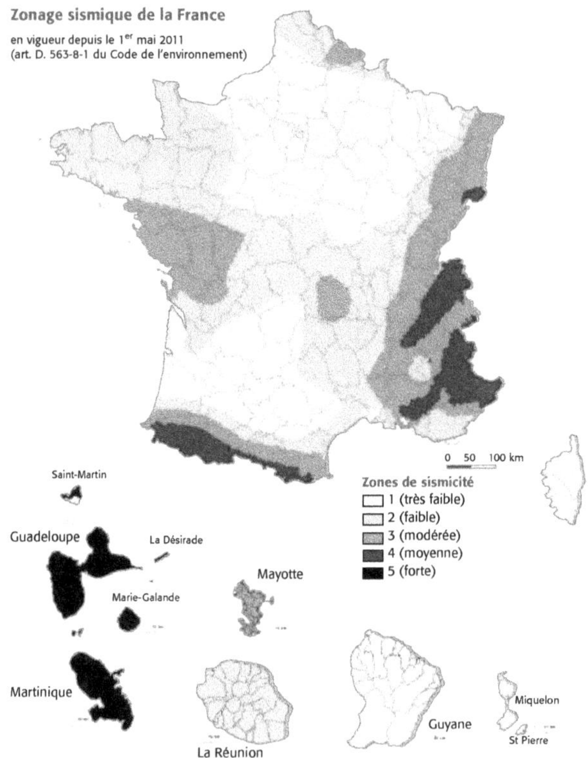

Figure 1.8 Carte des zones sismiques de la France (www.planseisme.fr)

1.2.1.4.3 L'accélération au niveau du sol

L'accélération maximale de référence au niveau d'un sol de type rocheux (classe A au sens de la norme NF EN 1998-1 septembre 2005), dénommée a_{gr}, résulte de la situation du bâtiment par rapport à la zone sismique d'implantation, telle que définie par l'article R. 563-4 du Code de l'environnement et son annexe.

Les valeurs des accélérations a_{gr}, exprimées en mètres par seconde au carré, sont données dans le tableau 1.20.

Tableau 1.20 Valeurs des accélérations

ZONES DE SISMICITÉ	a_{gr}
1 (très faible)	0,4
2 (faible)	0,7
3 (modérée)	1,1
4 (moyenne)	1,6
5 (forte)	3

L'accélération horizontale de calcul au niveau d'un sol de type rocheux (classe A au sens de la norme NF EN 1998-1 septembre 2005), a_g, vaut alors : $a_g = \gamma_1 . a_{gr}$.

1.2.2 Adaptation au sol

Quelle est la conduite à tenir lorsqu'on se trouve en présence de sols liquéfiables, de pentes ?

Les **règles PS 92** précisaient à l'article 4.12 que la construction ne pouvait être envisagée que dans les conditions suivantes :

- des reconnaissances ou des études complémentaires doivent confirmer que les formations en question ne sont pas liquéfiables dans les conditions de calcul ou qu'il subsiste une marge de sécurité suffisante vis-à-vis du risque de liquéfaction ;
- il peut être établi que la liquéfaction ne présente aucun danger pour la construction ;
- le sol ou la construction a subi un traitement dont il peut être prouvé qu'il élimine tout risque de liquéfaction.

Dans ce dernier cas, il peut être envisagé :

- de traiter le sol en place par des rabattements permanents de la nappe, une densification du milieu liquéfiable (vibroflottation, compactage, préchargement…), une modification des propriétés mécaniques du sol (injection…), une constitution de colonnes drainantes (pour diminuer la pression interstitielle), une substitution de sols ;
- de renforcer les fondations des ouvrages (par exemple, les pieux fondés en dessous des sols liquéfiables et dont la longueur de flambement doit tenir compte de ces derniers).

1.2.2.1 Problèmes de stabilité des pentes (art. 9.2)

Il est précisé à l'article 9.2 que la vérification de la stabilité peut être effectuée à partir d'un module statique équivalent, résultant de l'application à tous les éléments du sol et des charges supportées de deux coefficients sismiques σ_H et σ_V définissant les forces horizontales et verticales agissantes sous l'action sismique.

La valeur de ces coefficients est définie en fonction du site (voir tableau 1.21).

Tableau 1.21 Valeurs des coefficients sismiques

Valeur du site	Valeur de σ_H	Valeur de σ_V
S1	0,5 a_N/g	0,25 a_N/g
S2	0,45 a_N/g	0,225 a_N/g
S3	0,4 a_N/g	0,20 a_N/g

Dès lors on étudie les combinaisons suivantes :

- 1re combinaison : σ_H avec σ_V ;
- 2e combinaison : σ_H avec $-\sigma_V$.

Le commentaire C 9.22 fait remarquer que l'application de ces deux coefficients revient à appliquer :

- une rotation du champ de pesanteur de l'angle θ tel que : $\theta = arctg\,(\sigma_H / (1 \pm \sigma_V))$;
- une intensité fictive du champ de pesanteur telle que : $g' = (1 + \sigma_V)/\cos\theta.g$.

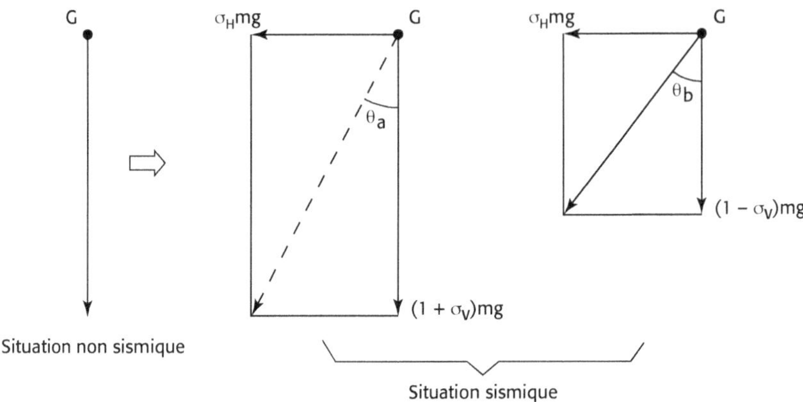

Figure 1.9 Modèle sismique.

Xavier Lauzin

Pour la recherche des surfaces de glissement, on considère que la zone d'influence d'un talus s'étend en amont et en aval sur 3 fois la hauteur de ce dernier.

1.2.2.2 Modélisation du mouvement sismique

Dans la réalité, le mouvement de tout point du sol sous l'action sismique se fait dans toutes les directions.

On tente alors de faire coïncider l'une des composantes horizontales avec un des axes principaux d'inertie de l'ouvrage.

Cet axe sera alors celui qui correspond au maximum (ou au minimum) de la rigidité d'ensemble.

Lorsque l'ouvrage est faiblement encastré dans le sol, le calcul de la réponse sol-fondations est réalisé à partir des éléments de liaison (fondations superficielles, radiers…).

Par contre, lorsque l'ouvrage est encastré dans le sol, le mouvement du sol est pris en compte au niveau de l'assise des fondations.

Les effets dynamiques du mouvement du sol se traduisent par des actions dont les effets sont les suivants :

- *le déplacement du sol* vis-à-vis des fondations engendre sur tous les points de structure à compter de la surface du sol :
    - des déformations,
    - des efforts dynamiques dus aux forces d'inertie ;
- *les mouvements différentiels du sol* au niveau des fondations engendrent au niveau de l'interface fondation-sol :
    - des déformations,
    - des déplacements.

1.2.2.3 Modélisation de l'interaction sol-structure

L'ensemble sol-fondation-structure est représenté par des solides élémentaires indéformables assemblés par des liaisons. Chaque solide est caractérisé par son centre de gravité, sa masse, ses produits d'inertie et son mouvement. Ce dernier est affecté des degrés de liberté (translations, rotations) correspondant à la réalité et permettant de mettre en évidence les zones pouvant être affectées par un excès de concentration d'efforts ou de déformations.

Les liaisons entre les solides élémentaires peuvent être modélisées par des ressorts et des amortisseurs qui sont caractérisés par leur raideur dynamique.

1.2.3 Les ouvrages à risque « normal » et à risque « spécial »

Les règles ne concernaient que des bâtiments à *risque normal*.

Les ouvrages à *risque spécial* sont des ouvrages dont l'effondrement a des conséquences extrêmes pour l'environnement.

Avant la parution de la loi 87-565 du 22 juillet 1987 et son décret d'application du 14 mai 1991, la protection parasismique des bâtiments était gérée par les règlements de sécurité (article GH5 pour les IGH, article CO11 pour les ERP).

La loi du 22 juillet 1987 et son décret d'application définissant les principes généraux de protection parasismique ont rendu cette protection obligatoire pour l'ensemble des ouvrages.

Le décret distingue deux types d'approche préventive selon que les ouvrages sont considérés à risque normal ou à risque spécial.

1.2.3.1 Ouvrages à risque normal

Cette catégorie comprend les bâtiments, équipements et installations pour lesquels les conséquences d'un séisme demeurent circonscrites à leurs occupants et à leur voisinage immédiat.

Pour des raisons économiques, la réglementation se contente d'une approche statistique et dans la conception de la protection parasismique, il est admis que certaines structures puissent subir des déformations se situant dans le domaine post-élastique : fissurations, destruction de certains éléments non structuraux, déformations permanentes…

L'objectif est la sauvegarde des vies humaines et la protection du patrimoine économique.

1.2.3.2 Ouvrages à risque spécial

Ce sont les ouvrages pour lesquels un dommage, même mineur, peut avoir pour la population et l'environnement des conséquences catastrophiques (industries chimiques, installations nucléaires, grands barrages…).

Les exigences de comportement de la structure sont alors définies au cas par cas pour chaque ouvrage considéré individuellement (protection intrinsèque).

L'arrêté du 29 mai 1997 n'était pas applicable à ce type d'ouvrage, la circulaire du 27 mai 1994 du ministère de l'Environnement donnait alors la démarche à suivre dans ce cas :

- les installations dites à risque spécial au sens de l'article 6 du décret du 14 mai 1991 comprennent les installations classées définies à l'article 1er de l'arrêté du 10 mai 1993. Pour ces installations, la prévention du risque sismique fait l'objet d'une étude au cas par cas. Il s'agit principalement des installations classées figurant sous la mention « servitudes d'utilité publique » ;
- l'examen du risque sismique relatif à une installation classée s'intègre dans l'étude de danger.

Les *régimes de classement* des installations classées sont les suivants :

- D pour déclaration (un C peut être ajouté si l'installation est soumise au contrôle périodique par un organisme agréé) ;
- E pour enregistrement ;
- A pour autorisation ;
- AS pour autorisation avec servitude d'utilité publique.

1.2.3.3 Les stations d'épuration

Elles peuvent répondre aux rubriques suivantes :

- 2 750 – Station d'épuration collective d'eaux résiduaires industrielles ;
- 2 751 – Station d'épuration collective de déjections animales ;
- 2 752 – Station d'épuration mixte.

Elles peuvent également répondre à d'autres rubriques en fonction de la nature des produits chimiques utilisés dans le process ou dans le traitement des boues (utilisation du biogaz, gazomètre, torchères…).

En conséquence, le calcul sismique des réservoirs de la station de traitement des eaux est directement lié à la décision préfectorale mentionnée dans les annexes du permis de construire motivée par les conclusions de l'étude de danger réalisée.

Les calculs sont alors menés à partir de l'accélération définie dans le document mentionné ci-dessus.

L'article 4 de l'arrêté précise :

« *Art. 4. – Pour les installations situées dans les zones de sismicité 0 et Ia telles que définies par l'article 4 du décret n° 91-461 du 14 mai 1991 susvisé et son annexe, l'exploitant peut substituer aux dispositions prévues aux articles 2 et 3 ci-dessus la définition a priori d'un séisme majoré de sécurité. Ce dernier est alors caractérisé par le spectre de réponse, en accélération horizontale, obtenu en multipliant les ordonnées du spectre de référence, défini par l'annexe au présent arrêté, par une accélération de calage au moins égale à 1,5 m/s² pour la zone de sismicité 0 et à 2 m/s² pour la zone de sismicité 1a.*

Lorsque le préfet dispose de résultats d'études locales mettant en évidence des différences notables entre les séismes majorés obtenus par les méthodes définies à l'alinéa précédent et aux articles 2 et 3, il peut imposer à l'exploitant d'avoir recours aux dispositions des articles 2 et 3 sans possibilité d'y déroger dans les conditions définies à l'alinéa précédent. »

L'arrêté du 24 janvier 2011 destiné à être appliqué avec les prescriptions de l'EC8 donne les valeurs des accélérations à prendre en compte dans le cas des ouvrages à « risque spécial ». Il est à noter cependant que ces valeurs ne s'appliquent qu'aux équipements et non aux ouvrages selon l'article 9 ci-après :

« *Art. 9. – Les dispositions de l'article 11 s'appliquent à l'ensemble des installations classées soumises à autorisation.*

Les dispositions des articles 12 à 15 s'appliquent aux seuls équipements au sein d'installations classées soumises à l'arrêté du 10 mai 2000 susvisé susceptibles de conduire, en cas de séisme, à un ou plusieurs phénomènes dangereux dont les zones des dangers graves pour la vie humaine au sens de l'arrêté ministériel du 29 septembre 2005 susvisé dépassent les limites du site sur lequel elles sont implantées, sauf si les zones de dangers graves ainsi déterminées pour ces équipements ne concernent, hors du site, que des zones sans occupation humaine permanente.

« Art. 10. – Sont définies comme installations nouvelles au sens de la présente section les installations autorisées après le 1ᵉʳ janvier 2013.

Sont définies comme installations existantes au sens de la présente section les autres installations.

Sont définies comme zones sans occupation humaine permanente au sens de la présente section les zones ne comptant aucun établissement recevant du public, aucun lieu d'habitation, aucun local de travail permanent, ni aucune voie de circulation routière d'un trafic supérieur à 5 000 véhicules par jour et pour lesquelles des constructions nouvelles sont interdites.

« Art. 11. – Les installations mentionnées au premier alinéa de l'article 9 respectent les dispositions prévues pour les bâtiments, équipements et installations de la catégorie dite "à risque normal" par les arrêtés pris en application de l'article R. 563-5 du Code de l'environnement dans les délais et modalités prévus par lesdits arrêtés.

« Art. 12. – L'exploitant établit, pour son site, les spectres de réponse élastique (verticale et horizontale) en accélération représentant le mouvement sismique d'un point à la surface du sol au droit de son site. À cette fin, il repère la zone de sismicité définie à l'article R. 563-4 du Code de l'environnement correspondant à la commune ou aux communes d'implantation de l'installation. Il associe ensuite les accélérations de calcul au niveau d'un sol de type rocheux (classe A au sens de la norme NF EN 1998-1, version de septembre 2005), suivant le tableau de l'article 12-1 pour les installations nouvelles et celui de l'article 12-2 pour les installations existantes.

« Il prend ensuite en compte la nature du sol sur lequel est implantée l'installation par l'intermédiaire des coefficients fixés à l'article 12-3.

« Art. 12-1. – Les accélérations de calcul applicables aux installations nouvelles sont les suivantes :

ZONE DE SISMICITÉ	ACCÉLÉRATION HORIZONTALE DE CALCUL (m/s²)	ACCÉLÉRATION VERTICALE DE CALCUL (m/s²)
Zone de sismicité 1	0,88	0,70
Zone de sismicité 2	1,54	1,23
Zone de sismicité 3	2,42	1,94
Zone de sismicité 4	3,52	3,17
Zone de sismicité 5	6,60	5,94

« Art. 12-2. – Les accélérations de calcul applicables aux installations existantes sont les suivantes :

ZONE DE SISMICITÉ	ACCÉLÉRATION HORIZONTALE DE CALCUL (m/s²)	ACCÉLÉRATION VERTICALE DE CALCUL (m/s²)
Zone de sismicité 1	0,74	0,59
Zone de sismicité 2	1,3	1,02
Zone de sismicité 3	2,04	1,63
Zone de sismicité 4	2,96	2,66
Zone de sismicité 5	5,55	5

1.3 La méthode du coefficient de comportement

La conception de la protection parasismique des ouvrages de génie civil peut être basée sur deux méthodes :

- une méthode à partir de laquelle la structure étudiée reste pendant et après le séisme dans le domaine élastique des matériaux. Cette disposition permet de s'assurer que l'ouvrage reste exempt de dommage important et demeure sécuritaire, mais est généralement coûteuse. Les calculs sont alors menés en élasticité linéaire et les dispositions constructives ne sont pas spécifiques à un calcul dynamique ;

- une méthode élastoplastique ou postélastique dans laquelle on s'autorise la plastification de certaines zones (rotules plastiques), de façon à absorber les déplacements imposés à l'ouvrage par l'action sismique. Par contre, il est imposé dans ce cas des dispositions constructives spécifiques relativement contraignantes.

CHAPITRE 2

L'action sismique

2.1 Domaine d'application

L'EN 1998 est applicable au dimensionnement et aux dispositions constructives relatifs aux bâtiments et aux ouvrages de génie civil en zone sismique.

Son objet est :

- de protéger les vies humaines ;
- de limiter les dommages aux ouvrages ;
- de maintenir opérationnelles les structures nécessaires à la protection civile et militaire.

L'EN 1998 ne vise pas les structures spéciales telles que :

- centrales nucléaires ;
- structures en mer ;
- grands barrages.

L'EN 1998-1 définit le séisme de calcul de façon conventionnelle à partir des mouvements du sol.

Ces spectres de calcul sont issus des spectres de réponse élastiques.

Dans l'Eurocode 8, on trouve donc deux types de spectres :

- les spectres de réponse élastiques utilisés pour le dimensionnement des structures qui doivent conserver un comportement élastique pendant et après le séisme. Ces spectres correspondent à un coefficient de comportement de la structure de 1 ;
- les spectres de calcul utilisés lorsque les règles permettent de dimensionner les structures avec un comportement plastique (voir les méthodes non linéaires au §3).

2.2 L'action sismique de l'EN 1998-1

2.2.1 Les spectres de réponse élastiques

2.2.1.1 Composante horizontale du spectre élastique en accélération

Le § 3.2.2 de l'EN 1998-1 définit les composantes du spectre horizontal $S_e(T)$ en fonction de la période considérée (T) et de la classe de sol (tableau 2.1).

Les valeurs sont mentionnées dans l'arrêté du 22 octobre 2010.

Tableau 2.1 Expression analytique des spectres de réponse élastiques horizontaux

Période	Valeur de (T)
$0 < T < T_B$	$S_e(T) = a_g.S\,(1 + T/T_B\,[2{,}5^*\eta - 1])$
$T_B < T < T_C$	$S_e(T) = a_g\,S\,2{,}5\eta$
$T_C < T < T_D$	$S_e(T) = a_g\,S\,2{,}5\eta\,(T_C/T)$
$T_D < T < 4s$	$S_e(T) = a_g\,S\,2{,}5\eta\,(T_C.T_D/T^2)$

Dans le tableau 2.1 :

- a_g désigne l'accélération de calcul pour un sol de classe A ($a_g = \gamma_1\,a_{gr}$) ;
- η est le coefficient de correction de l'amortissement avec la valeur de référence $\eta = 1$ pour 5 % d'amortissement et $\eta = \mathrm{Max}\,((10/(5 + \zeta))^{1/2}\,;\,0{,}55)$;
- les valeurs de S sont données dans les tableaux 2.2 et 2.3.

Tableau 2.2 Valeurs de S en fonction des classes de sol (zones de sismicité 2 à 4)

Classe de sol	S	T_B	T_C	T_D
A	1,00	0,03	0,20	2,50
B	1,35	0,05	0,25	2,50
C	1,50	0,06	0,40	2,00
D	1,60	0,10	0,60	1,50
E	1,80	0,08	0,45	1,25

Tableau 2.3 Valeurs de S en fonction des classes de sol (zone de sismicité 5)

Classe de sol	S	T_B	T_C	T_D
A	1,00	0,15	0,40	2
B	1,35	0,15	0,50	2
C	1,50	0,20	0,60	2
D	1,60	0,20	0,80	2
E	1,80	0,15	0,50	2

Nota

Les valeurs du coefficient de correction de l'amortissement sont fonction des matériaux utilisés. Par exemple :

– ζ = 2 % pour l'acier soudé ;

– ζ = 4 % pour l'acier boulonné ;

– ζ = 2 % pour le béton précontraint ;

– ζ > 5 % pour le sol ;

– ζ = 5 % pour le béton armé.

2.2.1.2 Composante verticale du spectre élastique en accélération

Le § 3.2.2 de l'EN 1998-1 définit les composantes du spectre vertical $S_{ve}(T)$ en fonction de la période considérée (T) et de la classe de sol (tableau 2.4).

Les valeurs sont mentionnées dans l'arrêté du 22 octobre 2010.

Tableau 2.4 Expression analytique des spectres de réponse élastiques verticaux

Période	Valeur de $S_{ve}(T)$
$0 < T < T_B$	$S_{ve}(T) = a_{vg} \cdot (1 + T/T_B [3{,}0\eta - 1])$
$T_B < T < T_C$	$S_{ve}(T) = a_{vg} \, 3{,}0 \, \eta$
$T_C < T < T_D$	$S_{ve}(T) = a_{vg} \, 3{,}0 \, \eta \, (T_C/T)$
$T_D < T < 4s$	$S_{ve}(T) = a_{vg} \, 3{,}0 \, \eta \, (T_C \cdot T_D/T^2)$

L'accélération verticale a_{vg} est définie en fonction d'a_g selon les dispositions suivantes, pour un sol de classe A ($a_{vg} = \gamma_1 \, a_g$) et pour les zones de sismicité 2 à 5 (tableau 2.5) :

Tableau 2.5 Valeurs remarquables de l'accélération verticale

Zone de sismicité	2	3	4	5
a_{vg}/a_g	0,90	0,90	0,90	0,80

2.2.1.3 Composante horizontale du spectre élastique en déplacement

Le spectre élastique en déplacement $S_{De}(T)$ est obtenu par transformation du spectre de réponse élastique en accélération $S_e(T)$ par la formule suivante : $S_{De}(T) = S_e(T)[T/2\pi]$.

2.2.2 Les spectres de calcul pour l'analyse élastique

2.2.2.1 Composante horizontale du spectre de calcul en accélération

Le § 3.2.2 de l'EN 1998-1 définit les composantes du spectre horizontal Sd(T) en fonction de la période considérée (T) et de la classe de sol (tableau 2.6).

Les valeurs sont mentionnées dans l'arrêté du 22 octobre 2010.

Tableau 2.6 Expression analytique des spectres de calcul horizontaux

Période	Valeur de $S_d(T)$
$0 < T < T_B$	$S_d(T) = a_g S \, (2/3 + T/T_B [2{,}5/q - 2/3])$
$T_B < T < T_C$	$S_d(T) = a_g S \, 2{,}5 \, /q$
$T_C < T < T_D$	$S_d(T) = \text{Max} \, (a_g S \, 2{,}5 \, /q \, [T_C/T] \, ; \, \beta a_g)$
$T_D < T < 4s$	$S_d(T) = \text{Max} \, (a_g S \, 2{,}5 \, /q \, [T_C \cdot T_D/T^2] \, ; \, \beta a_g)$

Dans le tableau 2.6 :

- a_g désigne l'accélération de calcul pour un sol de classe A ($a_g = \gamma_1\, a_{gr}$) ;
- β est le coefficient dont la valeur est fixée à 0,2 ;
- η est le coefficient de correction de l'amortissement avec la valeur de référence $\eta = 1$ pour 5 % d'amortissement et $\eta = \mathrm{Max}\,((10/[5+\zeta])^{1/2}\,;\,0,55)$
- les valeurs de S sont données dans les tableaux 2.2 et 2.3.

2.2.2.2 Composante verticale du spectre de calcul en accélération

Le § 3.2.2 de l'EN 1998-1 définit les composantes du spectre vertical $S_{vd}(T)$ en fonction de la période considérée (T) et de la classe de sol (tableau 2.7).

Les valeurs sont mentionnées dans l'arrêté cité ci-dessus.

Tableau 2.7 Expression analytique des spectres de calcul verticaux

Période	Valeur de $S_{vd}(T)$
$0 < T < T_B$	$S_{vd}(T) = a_{vg} \cdot (2/3 + T/T_B\,[2,5/q_v - 2/3])$
$T_B < T < T_C$	$S_{vd}(T) = a_{vg}\, 2,5/q_v$
$T_c < T < T_D$	$S_{vd}(T) = \mathrm{Max}\,(a_{vg}\, 2,5/q_v\,[T_C/T]\,;\,\beta a_g)$
$T_D < T < 4s$	$S_{vd}(T) = \mathrm{Max}\,(a_{vg}\, 2,5/q_v\,[T_C.T_D/T^2]\,;\,\beta a_g)$

L'accélération verticale avg est définie en fonction d'a_g selon les dispositions suivantes, pour un sol de classe A ($a_{vg} = \gamma_1\, a_g$).

La valeur du coefficient q_v est limitée à 1,5.

2.2.2.3 Déplacement vertical absolu du sol

Le déplacement absolu dg de la surface du sol est donné par l'EN 1998-1 § 3.2.2.4 par :
$d_g = 0,025.a_g.S.T_C.T_D.$

Cette valeur est utilisée en particulier pour le calcul des fondations profondes.

CHAPITRE 3

Les méthodes de calcul

L'EN 1998-4 propose pour les silos et réservoirs quatre méthodes analyses possibles, sur les bases du principe suivant :

« *Il convient de déterminer les effets des actions sismiques sur la base d'un comportement linéaire des structures ainsi que du sol environnant.* »

Il est cependant loisible de recourir à des méthodes de calcul non linéaires si, en particulier, la solution élastique est économiquement irréalisable.

Il en résulte que l'évaluation des effets de l'action sismique correspondant à l'état ultime doit être menée :

- en utilisant les spectres de calcul du § 3.2.2.5 de l'EN 1998-1 ;
- en prenant en compte un coefficient d'amortissement de 5 % ;
- en utilisant la possibilité d'un amortissement visqueux différent de 0,5 % pour le contenu liquide (sauf détermination différente) ;
- en utilisant un coefficient d'amortissement de 10 % pour les matériaux granulaires (sauf spécifications différentes) ;
- en prenant en compte un amortissement des fondations selon le tableau 4.1 de l'EN 1998-5 ;

Tableau 3.1 Extrait du tableau 4.1 de l'EN 1998-5

Rapport d'accélération du sol $\alpha.S$	Coefficient d'amortissement maximum
0,10	0,03
0,20	0,06
0,30	0,10

en utilisant un coefficient de comportement pour l'état de limitation des dommages $q = 1$.

Les méthodes pouvant alors être utilisées dans ce calcul sont :

- la méthode de l'effort latéral (élasticité linéaire) ;
- l'analyse modale spectrale (élasticité linéaire) ;
- l'analyse statique non linéaire ou en poussée progressive ;
- l'analyse temporelle non linéaire.

3.1 La méthode de l'effort latéral

3.1.1 Domaine d'utilisation

Cette méthode est particulièrement appropriée pour le dimensionnement des structures qui réagissent aux actions sismiques comme un système à un degré de liberté ; il s'agit par exemple des réservoirs rigides en béton armé ou béton précontraint positionnés sur des superstructures ou des silos sur des appuis souples.

3.1.2 Principe de la méthode

Ce type de méthode est applicable aux structures dont la réponse n'est pas affectée par la contribution des modes de vibration de rang plus élevé que le mode fondamental dans chaque direction principale.

L'effort tranchant sismique F_b à la base de l'ouvrage est alors donné dans chaque direction principale par la formule :

$$F_b = S_d(T_1).m.\lambda$$

Dans cette formule :

- $S_d(T_1)$ est l'ordonnée du spectre de calcul pour la période T_1 ;
- T_1 est la période fondamentale de vibration de la structure pour le mouvement de translation dans la direction considérée ;
- m est la masse totale de l'ouvrage au-dessus des fondations ;
- λ est le coefficient de correction qui vaut 0,85 si $T_1 < 2Tc$ ou 1 sinon. *Pour les silos et réservoirs on retiendra la valeur de 1.*

La période fondamentale T_1 peut être déterminée par la méthode de Rayleigh par exemple.

Pour des structures inférieures à 40 m de hauteur, une valeur approchée de T_1 est :

$$T_1 = Ct\ H^{3/4}$$

Avec :

- $Ct = 0,085$ pour des portiques en acier ;
- $Ct = 0,075$ pour des portiques en béton ;
- $Ct = 0,05$ pour toutes les autres structures ;
- H est la hauteur de la structure en mètres depuis les fondations.

3.2 L'analyse modale spectrale

3.2.1 Domaine d'utilisation

Cette méthode est applicable lorsque la réponse de la structure est affectée par les modes autres que le mode fondamental. Elle est donc utilisée lorsqu'on est en dehors du domaine de la méthode d'analyse par forces latérales, en particulier lorsque :

- la somme des masses modales effectives atteint au moins 90 % de la masse totale de la structure ;
- tous les modes dont la masse modale est supérieure à 5 % de la masse totale sont pris en compte.

3.2.2 Principe de la méthode

Chaque masse modale correspondant à un mode de vibration k est déterminée de façon à ce que l'effort tranchant généré à la base de l'ouvrage puisse être écrit sous la forme $F_{bk} = S_d(Tk)\ m_k$. La somme des masses modales effectives est alors égale à la masse de la structure.

> ***Nota***
> Les notations sont les mêmes que dans le paragraphe 3.1.

La réponse de la structure à l'action sismique dans une direction donnée est alors la combinaison de chacun des modes de vibration de cette structure en tenant compte de la non-concomitance des maximums.

Cette combinaison est estimée de deux façons différentes selon que l'on peut considérer que les réponses sont suffisamment éloignées ou non :

- Si deux modes de vibration *i* et *j* sont tels que $T_j < 0,9\ T_i$, alors les réponses des deux modes de vibration *i* et *j* sont indépendantes, et la combinaison donnant la valeur maximale de l'effet de l'action sismique vaut : $E_E = (\Sigma E_{Ei}{}^2)^{1/2}$ (simple combinaison quadratique SRSS) ;
- sinon, on utilise la combinaison quadratique complète (CQC).

3.3 L'analyse statique non linéaire (en poussée progressive)

3.3.1 Domaine d'utilisation

Cette méthode s'applique principalement lorsqu'il existe un mode de vibration très prépondérant sur les autres.

Elle permet de mettre en évidence l'apparition et la configuration finale des rotules plastiques ainsi que d'estimer le dimensionnement en capacité.

3.3.2 Principe de la méthode

Le principe consiste à réaliser une analyse statique non linéaire dans laquelle les charges gravitaires restent constantes et les forces horizontales dues aux effets sismiques croissent de façon monotone.

Ce modèle permet donc de prendre en compte la résistance des structures dans leur comportement post-élastique.

Les propriétés des matériaux utilisés dans la construction sont prises en compte dans des valeurs moyennes à partir des valeurs caractéristiques.

Enfin, l'action sismique doit être appliquée dans les directions positives et négatives.

En ce qui concerne les silos et réservoirs, la méthode de la poussée progressive prend en compte l'application de charges latérales sous la forme de deux distributions verticales :

- une distribution uniforme où les forces latérales sont proportionnelles à la masse quelle que soit la hauteur de l'ouvrage ;
- une distribution modale où les forces latérales sont données par une distribution issue de l'analyse élastique.

Cette distribution entraîne un effort tranchant et un déplacement à la base de l'ouvrage.

La relation entre effort tranchant et déplacement est alors déterminée en faisant varier progressivement la valeur du déplacement entre 0 et la valeur correspondant à 150 % du déplacement cible.

Ce déplacement cible est défini dans l'annexe B de l'EN 1998-1.

3.4 L'analyse temporelle non linéaire

3.4.1 Domaine d'utilisation

C'est la méthode la plus générale, elle prend en compte le comportement non linéaire des matériaux tel que la fissuration du béton, la plastification des armatures…

Son utilisation est cependant limitée :

- elle nécessite de connaître a priori le ferraillage et l'équarrissage des structures pour effectuer la vérification vis-à-vis du critère de ruine ;
- elle demande l'intégration des équations différentielles non linéaires du mouvement.

3.4.2 Principe de la méthode

On analyse la réponse de la structure par intégration numérique des équations du mouvement données par les accélérogrammes représentatifs des mouvements du sol (voir § 3.2.3.1 de l'EN 1998-1).

CHAPITRE 4

Application au calcul des réservoirs

4.1 Généralités

La spécificité des réservoirs réside dans la multiplicité des différences des caractéristiques de base des ouvrages :

- nature, quantité, agressivité du produit contenu ;
- exigences fonctionnelles pendant et après le séisme ;
- protection de l'environnement après le séisme ;
- nature et caractéristiques mécaniques du contenant (acier, béton armé ou précontraint…).

En ce qui concerne les catégories d'importance, *les réservoirs d'eau potable sont en catégorie IV des ouvrages à risque courant*. Les réservoirs des stations de traitement des eaux usées ne figurent pas dans ce classement (voir §1.2.3 du chapitre 1 les ouvrages à risque spécial).

En fonction des contraintes imposées ci-dessus, le calcul sera mené selon les deux états limites définis dans les règles générales, à savoir :

     – les états limites ultimes (ELU) ;

     – les états limites de service (ELS).

4.1.1 Les états limites ultimes

Cet état correspond à la ruine de la structure et donc à un dépassement possible des contraintes relatives à cet état.

La structure doit alors, après séisme, être réparée ou renforcée pour répondre aux exigences de fonctionnement selon un mode normal ou dégradé.

Compte tenu de la catégorie d'importance relative aux réservoirs d'eau potable, il est loisible de considérer que l'effondrement complet de la structure et du réseau aurait des conséquences graves.

Dans ce cas, l'ELU doit être défini comme l'état précédant l'effondrement et non pas l'état correspondant à l'effondrement.

Pour les autres ouvrages de rétention, cet état doit être défini par l'autorité compétente ou par le cahier des charges.

L'action sismique de calcul A_{ED} est alors définie par :

- l'action sismique de référence A_{EK} associée à une probabilité de dépassement P_{NCR} sur une période de 50 ans ou une période de retour de référence T_{NCR} ;
- un coefficient d'importance γ_1 tel que : $A_{ED} = \gamma 1\, A_{EK}$.

La vérification aux ELU des réservoirs est à réaliser pour les conditions suivantes :

- la stabilité d'ensemble du réservoir doit être vérifiée vis-à-vis du glissement et du renversement. Une certaine tolérance vis-à-vis du glissement peut être admise si elle reste compatible avec le fonctionnement des canalisations ;
- le comportement inélastique est restreint aux parties du réservoir qui permettent de respecter l'état de limitation des dommages ;
- les déformations ultimes des matériaux ne sont pas dépassées ;
- les instabilités élastiques des coques (flambement) restent sous contrôle ;
- les équipements hydrauliques doivent être conçus pour éviter les pertes de liquide en cas de défaillance sous l'effet de l'action sismique.

4.1.2 L'état de limitation des dommages

Cet état vise à garantir un niveau de performance de l'installation qui peut être :

- soit l'intégrité totale des structures : dans ce cas, le système considéré (réservoirs et canalisations, par exemple) doit demeurer entièrement opérationnel et étanche pendant et après l'action sismique ;
- soit un niveau de fonctionnement minimal de l'ouvrage : dans ce cas, le fonctionnement en mode dégradé peut être rétabli après contrôle des dommages.

Les probabilités de dépassement de cet état sont établies à partir de la valeur P_{DLR} sur 10 ans et une période de retour T_{DLR}.

Les valeurs recommandées par l'EC8 sont :

- $P_{DLR} = 10\ \%$;
- $T_{DLR} = 95$ ans.

La prescription d'intégrité évoquée ci-dessus sous l'effet de l'action sismique est considérée comme satisfaite si :

- l'étanchéité du réservoir est assurée ;
- un franc-bord est prévu pour pallier le déplacement vertical de la surface du liquide (débordement indésirable) et prévenir des dommages pouvant être infligés à la dalle de couverture par l'effet de vague ;
- les équipements hydrauliques sont susceptibles de supporter les contraintes et les déformations apportées par les déplacements différentiels des ouvrages.

4.1.3 Les combinaisons d'action

Les réservoirs doivent être dimensionnés de façon :

- à pouvoir reprendre l'action simultanée de deux composantes horizontales et de la composante verticale de l'action sismique, sauf pour les réservoirs axisymétriques où une seule composante horizontale est à prendre en compte avec la composante verticale ;

- à ce que si le calcul est mené avec les trois composantes de l'action sismique en simultané, les valeurs maximales de la réponse soient utilisées dans les vérifications des structures.

4.1.4 Les classes d'importance des structures

Les réservoirs des usines d'eau potable sont en classe IV d'importance, ceux des stations de traitement des eaux usées sont à analyser au cas par cas selon leur classement éventuel en ouvrage à risque spécial (voir chapitres précédents).

Ces dispositions sont résumées dans le tableau 4.1 pour la période de transition avec l'application intégrale des Eurocodes de calcul :

Tableau 4.1 Codes de calcul applicables

Zone de sismicité	Classe d'importance	Code de calcul.
1	Toutes les classes	Pas d'exigence sismique
2	I et II	Pas d'exigence sismique
	III	PS MI 89 (établissements scolaires)
	IV	EC8
3 et 4	I	Pas d'exigence sismique
	II	PS MI 89 (maisons individuelles)
	III et IV	EC8
5	I	Pas d'exigence sismique
	II	CP MI Antilles (maisons individuelles)
	III et IV	EC8

Sauf en zone de sismicité très faible où aucune disposition spécifique n'est exigée, dans les autres zones, les réservoirs et les réseaux des usines d'eau potable relèvent des prescriptions de l'EC8 partie 4.

4.1.5 La définition de l'action sismique

Pour le calcul des réservoirs et des canalisations, l'action sismique à prendre en compte est définie au § 3.2 de l'EN 1998-1 (voir chapitre 2§ 2 du présent ouvrage).

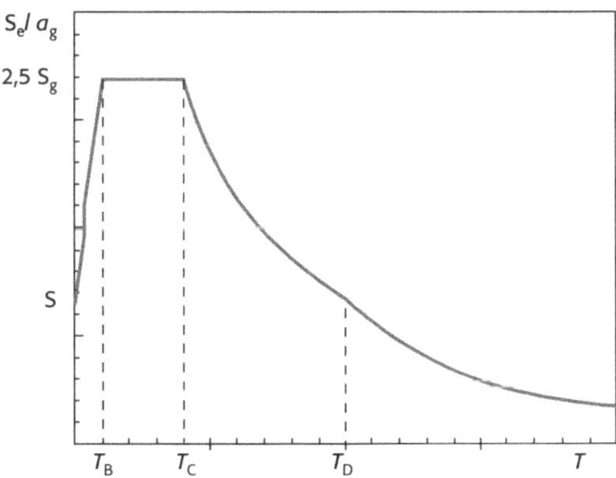

Figure 4.1 Spectre de réponse élastique de l'EC8 (EN 1998-1)

4.1.6 La définition des coefficients de comportement

Les réservoirs rigides doivent être dimensionnés pour une réponse élastique (q pouvant atteindre 1,5 au maximum).

La partie convective de l'action du liquide est à prendre en compte sur la base d'une réponse élastique ($q = 1$).

Lorsque le dimensionnement du réservoir en béton est réalisé à partir de la théorie des coques, il convient que l'ouverture des fissures sous l'action sismique soit vérifiée selon le § 4.4.2 de l'EN 1992-1 et de l'annexe nationale selon la classe d'exposition.

Cette disposition est moins pénalisante que celle du respect du § 7.3 de l'EN 1992-3 en ce qui concerne les critères d'étanchéité.

Pour les réservoirs avec étanchéité intérieure du type membrane, l'ouverture des fissures du support ne devra pas entraîner un allongement local de la membrane de plus de 50 % de son allongement à la rupture.

4.2 Méthode de calcul des réservoirs circulaires

4.2.1 Domaine de validité/hypothèses de calcul

Les méthodes détaillées ci-après sont valides dans les cas suivants : si le réservoir est entièrement plein, le mouvement relatif entre le fluide et le réservoir est nul et donc le système fluide + réservoir est équivalent du point de vue dynamique à une masse unique en déplacement.

Ce qui suit est principalement applicable à des ouvrages partiellement remplis pour lesquels l'excitation du contenu conduit à la formation d'une vague en surface.

Newmark dans *Fundamentals of Earthquake Engineering(Newmark (N.M)et Rosenblueth (E) Fundamentals of Earthquake engineering.Prentice Hall inc. 1971)* a démontré qu'il suffisait d'un défaut de remplissage de 2 % pour que les réservoirs couverts puissent être considérés avec une surface de liquide libre.

Il en résulte que l'on peut considérer que l'ensemble des réservoirs (non en pression de liquide) satisfont à cette condition.

L'EC8 partie 4 § 4 se place dans cette hypothèse, puisque la condition de limite des dommages se traduit par la mise en œuvre d'un franc-bord minimal pour prévenir des effets de vague sur la couverture ou du débordement.

4.2.2 La méthode de Jacobsen et Ayre

Cette méthode concerne les réservoirs circulaires d'axe vertical dont les caractéristiques sont les suivantes :

- diamètre du réservoir : 2R ;
- hauteur du réservoir : H ;
- hauteur statique du liquide contenu : h ;
- accélération horizontale : $f''(t)$.

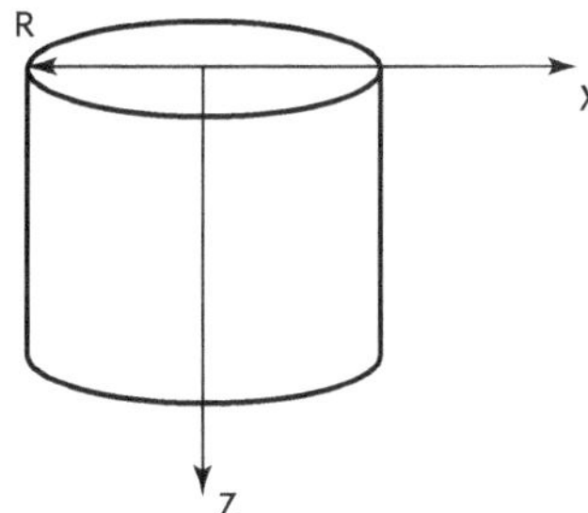

Figure 4.2 Géométrie du réservoir
Xavier Lauzin

4.2.2.1 Hypothèses de calcul de la méthode

- On néglige les sollicitations produites par l'effet de vague pour ne s'intéresser qu'aux efforts d'impulsion ;

- on suppose que les parois du réservoir sont rigides ;

- on considère le fluide incompressible et non visqueux ;

- on ne considère qu'une accélération horizontale $f''(t)$ (pas d'accélération verticale) et on suppose que les déplacements sont petits.

4.2.2.2 Résolution des équations

Si l'on suppose que le réservoir se déplace horizontalement suivant l'axe Ox, le liquide contenu (supposé en régime laminaire lors du déplacement) est soumis à un champ de vitesse $\varnothing$ tel que : $v^2 \varnothing = 0$.

Si l'on exprime les valeurs des vitesses en coordonnées cylindriques (r, θ, z), la formule précédente devient alors :

$$\partial^2\varnothing/\partial r^2 + 1/r \; \partial\varnothing/\partial r + 1/r^2 \; \partial^2\varnothing/\partial\theta^2 + \partial^2\varnothing/\partial z^2 = 0.$$

L'intégration de l'équation passe par les conditions aux limites suivantes :

- au niveau de la base du réservoir ($z = h$), la composante verticale de la vitesse du liquide est nulle, soit : $\partial\varnothing/\partial z = 0$;

- la vitesse de translation du liquide suivant l'axe Ox est égale à la vitesse horizontale du réservoir, soit : $\partial\varnothing/\partial r = f'(t) \cos\theta$ ($f'(t) \cos\theta$ est la composante radiale de la vitesse $f'(t)$) ;

- la pression du liquide en surface est nulle, soit : $p_{(z = 0)} = 0$.

Dès lors l'intégration de l'équation différentielle précédente se fait en séparant les variables, soit :

$$\varnothing(\theta,r,z,t) = R(r)Q(\theta)Z(z)f'(t).$$

1) On pose alors:

$$Z(z) = \sin(nkz) \text{ (série trigonométrique)}$$

Les conditions aux limites évoquées ci-dessus permettent alors de préciser que :

- $\sin(nkz) = 0$ pour $z = 0$;

- $\cos(nkz) = 0$ pour $z = h$.

Soit : n impair et $k = \pi/2h$.

2) On pose de même :

$$Q(\theta) = \cos\theta$$

3) On en déduit alors :

$$\emptyset(\theta,r,z,t) = R(r)\,\cos\theta\,\sin(nkz)\,f'(t).$$

En remplaçant cette expression dans l'équation différentielle initiale, on aboutit à :

$$\partial^2 R/\partial r^2\,\cos\theta\,\sin(nkz)\,f'(t) + 1/r\,\partial R/\partial r\,\cos\theta\,\sin(nkz)\,f'(t) - (n^2k^2 + 1/r^2)$$
$$R\,\cos\theta\,\sin(nkz)\,f'(t) = 0.$$

Soit :

$$\partial^2 R/\partial r^2 + 1/r\,\partial R/\partial r - (n^2k^2 + 1/r^2)\,R = 0.$$

Si l'on multiplie par r^2, on obtient l'équation différentielle du type :

$$r^2\partial^2 R/\partial r^2 + r\,\partial R/\partial r - (r^2 n^2 k^2 + 1)\,R = 0.$$

Et si l'on effectue le changement de variable : $x = nkr$, on obtient l'équation différentielle suivante :

$$\partial^2 R/\partial x^2 + 1/x\,\partial R/\partial x - (1/x^2 + 1)\,R = 0.$$

Équation différentielle de Bessel qui admet comme solution les fonctions de Bessel du 1er type :

$$J_1(x) = (x/2)\,\Sigma\,(-1)^k/(k!\,\Gamma\,(k+2))\,(x/2)^{2k.}$$

Connaissant alors le champ des vitesses, on peut déterminer les pressions sur les parois apportées par l'action de l'impulsion dynamique seule :

$$p = -m\,\partial\emptyset/\partial t \text{ (principe fondamental de la dynamique).}$$

Soit encore : $p = -m\,\partial\emptyset/\partial t = m\,f''(t)\,\cos\theta\,S\,An\,\sin(nkz)\,J1\,(nkr)$.

Où :

- m est la masse volumique du liquide contenu ;
- $A_n = 8h/(Pn)^2\,[J_0(nkr)\text{-}J_1(nkr)/nkr]^{-1}$;
- J_i fonction de Bessel d'ordre i ;
- $k = \pi/2h$.

La résultante des pressions est obtenue en intégrant p entre 0 et h et $-\pi/2$ et $\pi/2$.

Soit en posant $f''(t) = a_m$:

$$Pt = -m\,a_m\,h\,R^2\,\omega_i \text{ avec } \omega_i = 1/R\,\Sigma\,A_n/n\,J_1\,(nkr).$$

Où Pt est la pression exercée sur une paroi dans le sens de la translation.

Les valeurs de ω_i et Pt sont résumées dans le tableau 4.2.

Tableau 4.2 Valeurs des pressions d'impulsion selon Jacobson et Ayre

SI h < 1,5 R			SI h >1,5 R		
R/H	VALEUR DE ω_I	VALEUR DE Pt	R/H	VALEUR DE ω_I	VALEUR DE Pt
5	0,359	$-0,359\ m\,a_m\,h\,R^2$	0,625	2,206	$-2,206\ m\,a_m\,h\,R^2$
3,333	0,551	$-0,551\ m\,a_m\,h\,R^2$	0,556	2,305	$-2,305\ m\,a_m\,h\,R^2$
2,50	0,746	$-0,746\ m\,a_m\,h\,R^2$	0,500	2,386	$-2,386\ m\,a_m\,h\,R^2$
2,000	0,939	$-0,939\ m\,a_m\,h\,R^2$	0,435	2,452	$-2,452\ m\,a_m\,h\,R^2$
1,667	1,123	$-1,123\ m\,a_m\,h\,R^2$	0,400	2,530	$-2,530\ m\,a_m\,h\,R^2$
1,429	1,294	$-1,294\ m\,a_m\,h\,R^2$	0,345	2,610	$-2,610\ m\,a_m\,h\,R^2$
1,250	1,449	$-1,449\ m\,a_m\,h\,R^2$	0,303	2,669	$-2,669\ m\,a_m\,h\,R^2$
1,111	1,588	$-1,588\ m\,a_m\,h\,R^2$	0,270	2,715	$-2,715\ m\,a_m\,h\,R^2$
1,000	1,711	$-1,711\ m\,a_m\,h\,R^2$	0,250	2,743	$-2,743\ m\,a_m\,h\,R^2$
0,909	1,820	$-1,820\ m\,a_m\,h\,R^2$	0,227	2,774	$-2,774\ m\,a_m\,h\,R^2$
0,833	1,916	$-1,916\ m\,a_m\,h\,R^2$	0,213	2,794	$-2,794\ m\,a_m\,h\,R^2$
0,769	2,000	$-2,000\ m\,a_m\,h\,R^2$	0,200	2,811	$-2,811\ m\,a_m\,h\,R^2$
0,714	2,074	$-2,074\ m\,a_m\,h\,R^2$			
0,667	2,140	$-2,140\ m\,a_m\,h\,R^2$			

Cette résultante des pressions est appliquée sur la paroi à une hauteur h_i telle que :

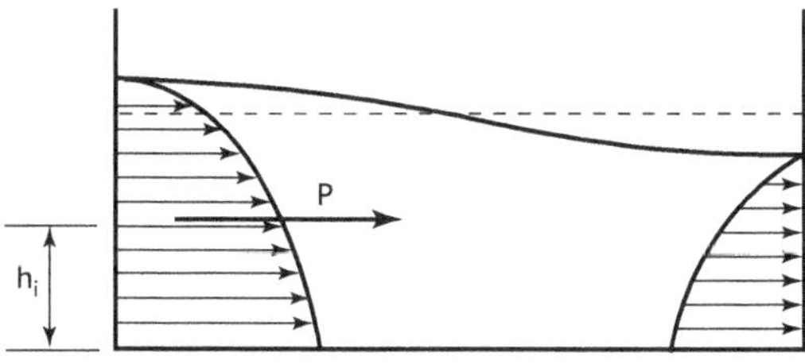

Figure 4.3 Pression sur les parois selon Jacobsen et Ayre

La valeur de $h_i = h - z$ est donnée par :
$$z = 2h/\pi \; (\Sigma \, \mathrm{A}_n \, \mathrm{J}_1(nk\mathrm{R})/n^2)/(\Sigma \, \mathrm{A}_n \, \mathrm{J}_1(nk\mathrm{R})/n).$$

On considère alors que le modèle appliqué peut être le suivant :

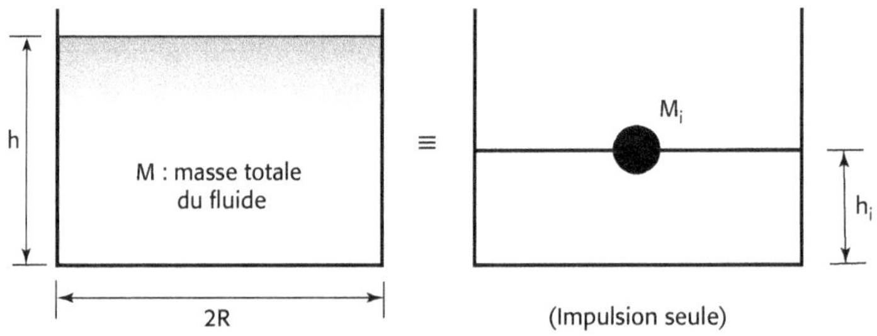

Figure 4.4 Modélisation de la masse impulsive
Xavier Lauzin

La masse M_i équivalente mise en mouvement est donnée par :
$$\mathrm{M}_i = \mathrm{M} \; [\Sigma \, \mathrm{A}_n \, \mathrm{J}_1(nk\mathrm{R})/n]/\pi\mathrm{R}.$$

Il en résulte :

- sur la paroi la présence d'un moment de flexion $\mathrm{M} = \mathrm{F}_i.\mathrm{h}_i$;
- sur le radier un couple $\mathrm{C}_i = -2 \, m \, a_m \, h^2 \, \mathrm{R} \, \Sigma(-1)^n \, \mathrm{A}_n/n \, [\mathrm{J}_0(nkr) - 2 \, \mathrm{J}_1(nkr)/nkr]$.

4.2.3 La méthode de Hunt et Priestley

Cette méthode diffère de la précédente par la prise en compte en plus de l'effort d'impulsion des efforts apportés par la formation d'une vague.

Si l'on considère les mêmes hypothèses que pour la méthode de Jacobsen et Ayre, le champ de vitesse est soumis aux mêmes équations, à savoir : $\mathrm{V}^2 \, \varnothing = 0$.

Les différences avec la méthode précédente résident alors dans les conditions aux limites :

- condition initiale au repos (à $t = 0$, le réservoir est soumis à une accélération horizontale) : $\varnothing(x, y, z, 0) = 0$;
- les parois sont supposées rigides, les vitesses perpendiculaires au contact de ces dernières sont donc nulles : $d \, \varnothing/dn = 0$ (sur les voiles et sur le radier) ;
- au niveau de la surface du liquide, l'équation donnant la vitesse est définie par : $(\partial\varnothing/\partial z) = (\partial^2\varnothing/\partial t^2) + x \, a(t)$ (où $a(t)$ est l'accélération horizontale à laquelle est soumis le réservoir) ;
- à $t = 0$ au niveau de la surface libre du liquide, l'accélération est nulle, soit : $(\partial\varnothing/\partial t) \, (x, y, z, 0) = 0$.

Le mode de résolution de l'équation est identique à celui du paragraphe 4.2.2.

Les pressions en tout point du fluide sont exprimées à partir du champ de vitesses par : $p = z\text{-}\partial\varnothing/\partial t - \mathrm{X}a(t)$

Il est alors possible de considérer :

- une pression d'impulsion de la forme : $\mathrm{P}_{ti} = -m \, a_m \, h \, \mathrm{R}^2 \, \delta_i$;
- une pression d'oscillation de la forme : $\mathrm{P}_{to} = m \, a_m \, h \, \mathrm{R}^2 \, \delta_0$.

Les valeurs de δ_i et de δ_0 sont résumées dans les tableaux 4.3 et 4.4 en fonction de :

- R = rayon de la cuve ;
- H = hauteur de la cuve ;
- h = hauteur du liquide ;
- a_m = accélération maximale du sol ;
- f = fréquence déterminée à partir de l'accéléromètre.

Tableau 4.3 Valeurs des coefficients des pressions d'impulsion δ_i et des pressions d'oscillation δ_0 lorsque $h < 1{,}5$ R

$f = 1{,}6$ Hz	$f = 4{,}8$ Hz	$f = 8$ Hz	$f = 16$ Hz	R/H
Valeur du coefficient δ_i				
0,117	0,343	0,366	0,375	5
0,165	0,526	0,551	0,561	3,333
0,326	0,718	0,744	0,754	2,50
0,513	0,909	0,935	0,946	2,000
0,705	1,094	1,119	1,130	1,667
0,893	1,267	1,291	1,301	1,429
1,069	1,424	1,447	1,457	1,250
1,232	1,566	1,588	1,596	1,111
1,379	1,692	1,712	1,721	1,000
1,511	1,804	1,823	1,830	0,909
1,628	1,902	1,920	1,927	0,833
1,733	1,989	2,006	2,012	0,769
1,826	2,066	2,081	2,088	0,714
1,908	2,134	2,149	2,154	0,667
Valeur du coefficient δ_0				
0,873	0,279	0,165	0,082	5
1,034	0,295	0,174	0,087	3,333
1,059	0,296	0,175	0,087	2,50
1,040	0,288	0,170	0,085	2,000
0,998	0,274	0,162	0,081	1,667
0,944	0,258	0,153	0,076	1,429
0,885	0,241	0,143	0,071	1,250
0,826	0,224	0,133	0,066	1,111
0,769	0,208	0,123	0,061	1,000
0,716	0,193	0,114	0,057	0,909
0,667	0,180	0,106	0,053	0,833
0,622	0,168	0,099	0,049	0,769
0,582	0,157	0,093	0,046	0,714
0,547	0,147	0,087	0,043	0,667

Tableau 4.4 Valeurs des coefficients des pressions d'impulsion δ_i et des pressions d'oscillation δ_0 lorsque $h > 1,5\ R$

$f = 1,6$ Hz	$f = 4,8$ Hz	$f = 8$ Hz	$f = 16$ Hz	R/H
Valeur du coefficient δ_i				
1,982	2,195	2,208	2,214	0,625
2,048	2,249	2,262	2,267	0,588
2,107	2,297	2,309	2,314	0,556
2,161	2,341	2,353	2,357	0,526
2,209	2,381	2,392	2,396	0,500
2,253	2,416	2,427	2,431	0,476
2,293	2,449	2,459	2,463	0,455
2,330	2,479	2,489	2,493	0,435
2,363	2,507	2,516	2,519	0,417
2,394	2,532	2,541	2,544	0,400
2,423	2,555	2,564	2,567	0,385
2,449	2,577	2,585	2,588	0,370
2,474	2,597	2,605	2,608	0,357
2,497	2,616	2,623	2,626	0,345
2,518	2,633	2,640	2,643	0,333
2,539	2,649	2,657	2,659	0,323
2,557	2,665	2,672	2,674	0,313
2,575	2,679	2,686	2,689	0,303
2,592	2,693	2,699	2,702	0,294
2,607	2,706	2,712	2,714	0,286
2,622	2,718	2,724	2,726	0,278
2,636	2,729	2,735	2,737	0,270
2,649	2,740	2,746	2,748	0,263
2,662	2,750	2,756	2,758	0,256
2,674	2,760	2,765	2,768	0,250
2,685	2,769	2,774	2,777	0,244
2,696	2,778	2,783	2,785	0,238
2,706	2,786	2,791	2,794	0,233
2,716	2,794	2,799	2,801	0,227
2,726	2,802	2,807	2,809	0,222
2,735	2,809	2,814	2,816	0,217
2,743	2,816	2,821	2,823	0,213
2,752	2,823	2,828	2,830	0,208
2,759	2,830	2,834	2,836	0,204
2,767	2,836	2,840	2,842	0,200
Valeur du coefficient δ_0				
0,514	0,139	0,082	0,041	0,625
0,485	0,131	0,077	0,038	0,588
0,459	0,124	0,073	0,036	0,556
0,436	0,117	0,069	0,034	0,526
0,414	0,112	0,066	0,033	0,500

0,395	0,106	0,063	0,031	0,476
0,377	0,101	0,060	0,030	0,455
0,361	0,097	0,057	0,028	0,435
0,346	0,093	0,055	0,027	0,417
0,332	0,089	0,053	0,026	0,400
0,319	0,086	0,051	0,025	0,385
0,307	0,083	0,049	0,024	0,370
0,296	0,080	0,047	0,023	0,357
0,286	0,077	0,045	0,023	0,345
0,277	0,074	0,044	0,022	0,333
0,268	0,072	0,043	0,021	0,323
0,259	0,070	0,041	0,020	0,313
0,252	0,068	0,040	0,020	0,303
0,244	0,066	0,039	0,019	0,294
0,237	0,064	0,038	0,019	0,286
0,231	0,062	0,037	0,018	0,278
0,224	0,060	0,036	0,018	0,270
0,218	0,059	0,035	0,017	0,263
0,213	0,057	0,034	0,017	0,256
0,208	0,056	0,033	0,016	0,250
0,202	0,055	0,032	0,016	0,244
0,198	0,053	0,031	0,016	0,238
0,193	0,052	0,031	0,015	0,233
0,189	0,051	0,030	0,015	0,227
0,184	0,050	0,029	0,015	0,222
0,180	0,049	0,029	0,014	0,217
0,177	0,048	0,028	0,014	0,213
0,173	0,047	0,027	0,014	0,208
0,169	0,046	0,027	0,013	0,204
0,166	0,045	0,026	0,013	0,200

Les points d'application de la résultante des pressions sont donnés par les abaques suivants :

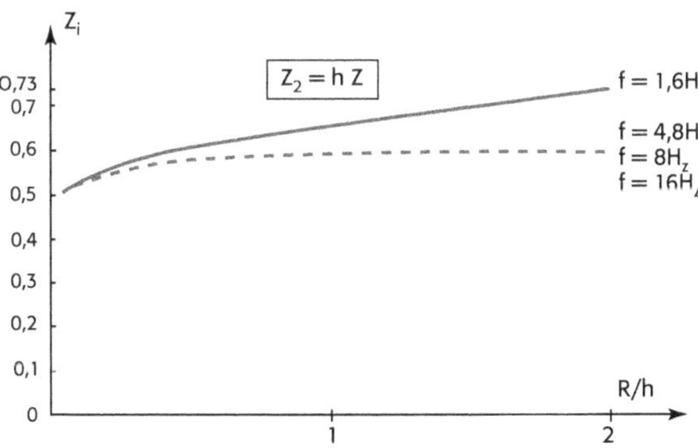

Figure 4.5 Abaque 2.5. Réservoirs cylindriques. Point d'application Z_i de la résultante des pressions d'impulsion
Annales ITPTP, n° 409, novembre 1982

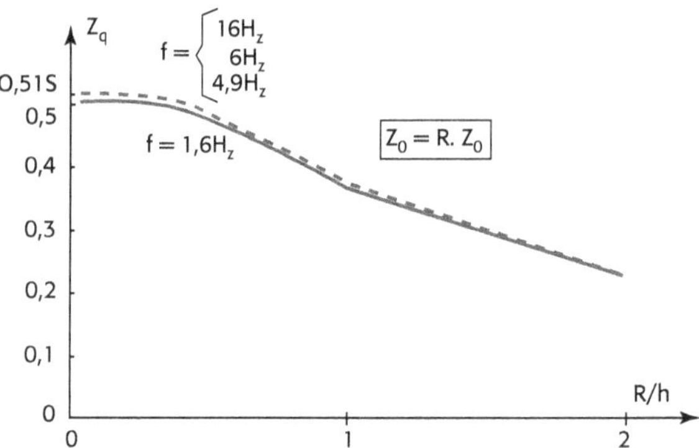

Figure 4.6 Abaque 2.6. Réservoirs cylindriques. Point d'application Zo de la résultante des pressions d'oscillation
Annales ITPTP, n° 409, novembre 1982

4.2.4 La méthode approchée d'Houzner

Devant la complexité des méthodes précédentes, Houzner a établi une méthode approchée basée sur la décomposition suivante de l'action du liquide : une action passive et une action active.

4.2.4.1 Une action passive

Cette action provoque des efforts d'impulsion (masse passive du liquide agissant par inertie) ; elle est schématisée de la façon suivante :

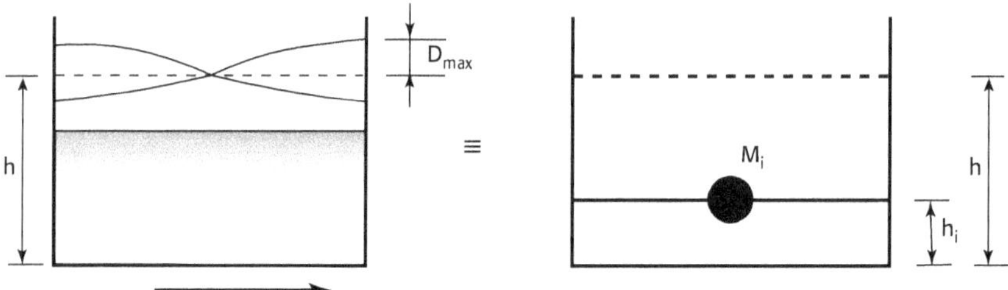

Figure 4.7 Modélisation de la masse impulsive selon Houzner

Si l'on considère un réservoir cylindrique dont la hauteur du liquide supposé incompressible est h et soumis à une accélération maximale a_m, alors le principe fondamental de la dynamique permet d'écrire que la pression hydrodynamique s'exerçant sur les parois est de la forme :

$$p = -\rho h^2 [z/h - \tfrac{1}{2}\,(z/h)^2]\,du'/dx.$$

Avec :

- ρ masse volumique du liquide ;
- z ordonnée du point de la paroi prise à partir du haut du réservoir ;
- u vitesse du liquide dans la direction horizontale $0x$;
- u' l'accélération.

La vitesse du liquide est fonction de l'accélération du sol a_m selon la formule :

$u' = a_m \, (ch[(3)^{1/2}]x/h)/(sh[(3)^{1/2}]R/h).$

La pression selon la direction Ox vaut alors par intégration :

$$p = -\rho.a_m \, h \, (3)^{1/2} \, [z/h - \tfrac{1}{2} \, (z/h)^2] \, th(3)^{1/2} \, R/h.$$

En intégrant sur la hauteur de la paroi, on obtient la résultante des pressions d'impulsion, à savoir :

$$P_i = -\rho \, a_m \, \pi \, R^2 \, h \, [th(3)^{1/2} \, R/h]/[(3)^{1/2} \, R/h].$$

Comme pour les deux méthodes précédentes, si l'on pose :

$$\varepsilon_i = \pi[th(3)^{1/2} \, R/h]/[(3)^{1/2} \, R/h],$$

on obtient une valeur de la pression d'impulsion sous la forme :

$$P_i = -\rho \, a_m \, R^2 \, h \, \varepsilon_i.$$

Ou encore :

$$P_i = a_m \, M_i.$$

Les valeurs de la masse équivalente M_i et de la hauteur d'application h_i sont données dans les abaques ci-après :

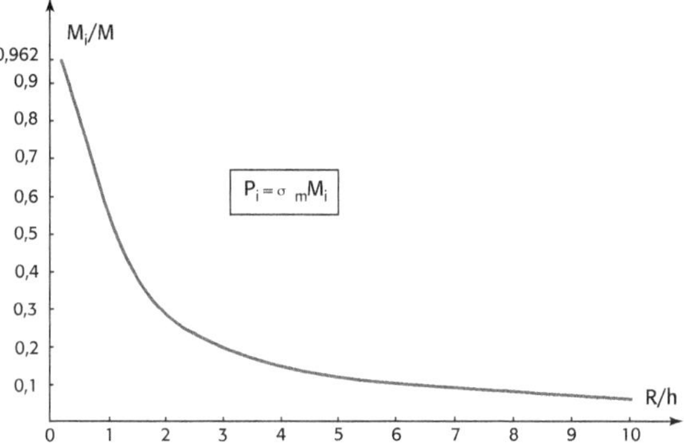

Figure 4.8 Abaque 2.8. Réservoirs cylindriques. Pression d'impulsion P_i
Annales ITPTP, n° 409, novembre 1982

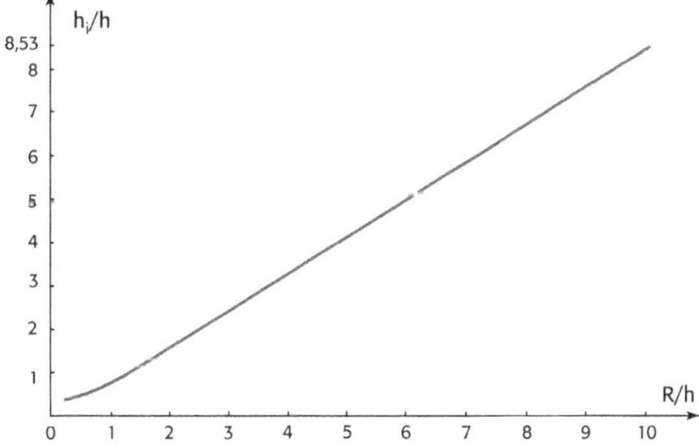

Figure 4.9 Abaque 2.9. Réservoirs cylindriques. Point d'application h_i de la résultante des pressions d'impulsion
Annales ITPTP, n° 409, novembre 1982

4.2.4.2 Une action active

Elle provoque des efforts d'oscillation (masse active du liquide se mettant en action d'oscillation sous l'effet du séisme) sur le modèle suivant :

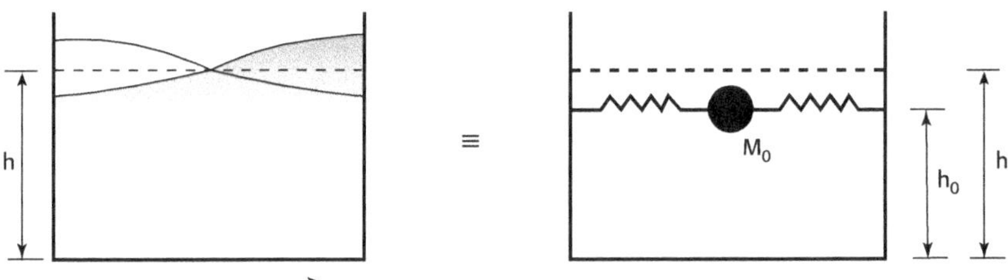

Figure 4.10 Modèlisation de l'action d'oscillation selon Houzner

Ces efforts d'oscillation sont les résultats des effets de :

- l'énergie potentielle apportée par la vague en surface ;
- l'énergie cinétique de l'ensemble du système.

On peut alors écrire la distribution des pressions hydrodynamiques sous la forme suivante, en fonction de la coordonnée angulaire θ :

$$p = \rho \ R^3/3 \ (27/8)^{1/2} \ [1- (\cos^2\theta)/3 - (\sin^2\theta)/2] \ \cos\theta \ A_i.$$

Avec $A_i = [ch(27/8)^{1/2} \ (h - z)/R]/[sh(27/8)^{1/2} \ h/R] \ \Phi_0\omega_0^2 \sin\omega_0 t$.

Dans cette formule, les paramètres sont définis par :

- $\omega_0^2 = g/R \ (27/8)^{1/2} \ th((27/8)^{1/2} \ h/R)$ pulsion fondamentale de vibration du liquide ;
- Φ_0 angle maximal d'oscillation pour $z = 0$;
- $\Phi = [ch(27/8)^{1/2} \ (h - z)/R]/[sh(27/8)^{1/2} \ h/R] \ \Phi_0\sin\omega_0 t$ angle d'oscillation.

L'intégration sur z et sur la coordonnée angulaire permet d'écrire que la résultante des pressions d'oscillation (horizontale) est de la forme :

$$P_0 = \rho \ 10/48 \ \pi \ R^4 \ \Phi_0\omega_0^2 \ \sin\omega_0 t.$$

Ou encore :

$$P_0 = 1{,}2 \ M_0 \ g \ \Phi_0\sin\omega_0 t.$$

La valeur maximale de la pression d'oscillation est obtenue pour $\sin\omega_0 t = 1$, soit :

$$P_0 = 1{,}2 \ M_0 \ g \ \Phi_0.$$

Avec les valeurs définies dans les abaques suivants :

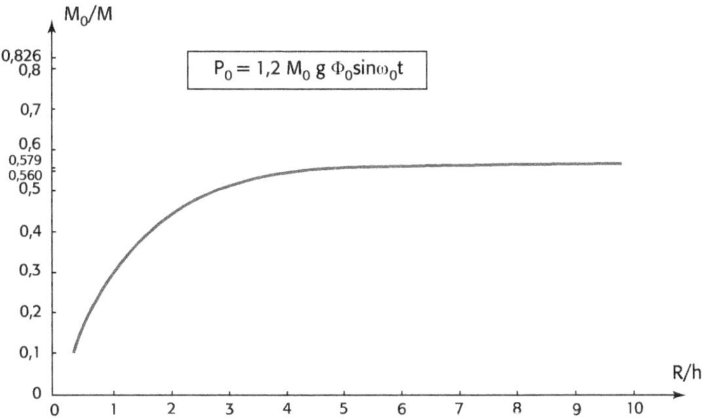

Figure 4.11. Abaque 2.10. Réservoirs cylindriques. Pression d'oscillation P$_0$
Annales ITPTP, n° 409, novembre 1982

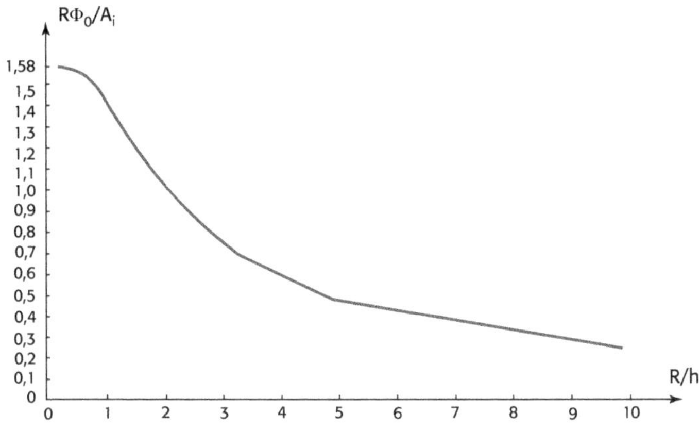

Figure 4.12. Abaque 2.11. Réservoirs cylindriques. Détermination de R Φ_0/A$_i$
Annales ITPTP, n° 409, novembre 1982

Ces valeurs sont résumées dans le tableau 4.5 :

Tableau 4.5

R/h	h$_0$/h	h$_0$*/h	RΦ_0/A$_i$
10	0,501	30,166	0,279
5	0,506	7,798	0,540
3,333	0,512	3,664	0,770
2,50	0,521	2,228	0,961
2,00	0,533	1,573	1,114
1,667	0,545	1,227	1,230
1,429	0,559	1,028	1,317
1,250	0,574	0,907	1,381
1,111	0,590	0,831	1,426

1,00	0,605	0,784	1,459
0,909	0,621	0,755	1,481
0,833	0,637	0,739	1,497
0,769	0,652	0,730	1,509
0,714	0,667	0,727	1,516
0,667	0,681	0,727	1,522
0,625	0,694	0,731	1,526
0,588	0,707	0,735	1,528
0,558	0,719	0,742	1,530
0,526	0,731	0,748	1,531
0,500	0,742	0,755	1,532
0,476	0,752	0,763	1,533
0,455	0,761	0,770	1,533
0,435	0,770	0,777	1,533
0,417	0,779	0,784	1,534
0,400	0,787	0,791	1,534
0,385	0,794	0,798	1,534
0,370	0,801	0,804	1,534
0,357	0,808	0,810	1,534
0,345	0,814	0,816	1,534
0,333	0,820	0,822	1,534
0,323	0,826	0,827	1,534
0,313	0,831	0,832	1,534
0,303	0,836	0,837	1,534
0,294	0,841	0,841	1,534
0,286	0,845	0,846	1,534
0,278	0,849	0,850	1,534
0,270	0,853	0,854	1,534
0,263	0,857	0,858	1,534
0,256	0,861	0,861	1,534
0,250	0,864	0,864	1,534
0,244	0,868	0,868	1,534
0,238	0,871	0,871	1,534
0,233	0,874	0,874	1,534
0,227	0,877	0,877	1,534
0,222	0,879	0,879	1,534
0,217	0,882	0,882	1,534
0,213	0,884	0,884	1,534
0,208	0,887	0,887	1,534
0,204	0,889	0,889	1,534
0,200	0,891	0,891	1,534

Dans le tableau 4.5 la valeur de h_0^* est définie comme la hauteur de la masse M_0 du système équivalent générant les actions d'oscillations sur les parois et sur le radier.

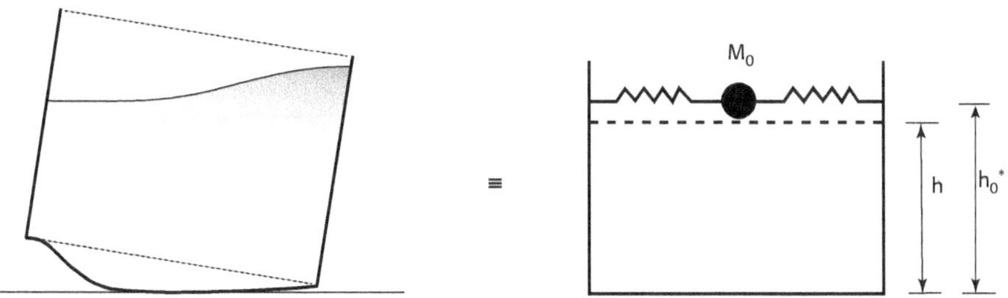

Figure 4.13 Hauteur de la masse oscillante selon Houzner.

La hauteur de la vague est donnée par :

$$d_{\max} = 0{,}408 \text{ R } /[[g/(\omega_0{}^2\Phi_0\text{R}) - 1] \, th(1{,}84h/\text{R})].$$

Avec : $\Phi_0 = 0{,}83.Sa/g$ où Sa représente le spectre d'accélération.

4.2.5 La méthode de la NF EN 1998-4

Note préliminaire importante

La méthode présentée dans l'annexe A (informative) a été invalidée par la France. Nous avons cependant voulu expliquer ci-après l'origine des formules de calcul qui y sont mentionnées.

La partie 4 de l'EN 1998-4 traite spécifiquement des dispositions applicables aux réservoirs.

Les méthodes d'analyse utilisées pour le dimensionnement des structures doivent permettre d'appréhender correctement la rigidité, la résistance mécanique, la masse et les propriétés géométriques du réservoir.

L'annexe A (informative) de la norme précise les méthodes applicables pour le calcul :

- des réservoirs verticaux circulaires posés au sol et fixés rigidement aux fondations ;
- des réservoirs verticaux circulaires déformables posés au sol et fixés aux fondations.

Nous étudierons ici le cas des réservoirs verticaux circulaires fixés sur le sol et fixés aux fondations.

Comme dans les méthodes précédentes, on considère que le mouvement du liquide contenu peut être exprimé par la somme d'une composante impulsive rigide et d'une composante convective.

4.2.5.1 La pression impulsive rigide

Elle est issue de l'intégration de l'équation des vitesses du liquide, soit :

$V^2 \emptyset = 0.$

Si l'on exprime les valeurs des vitesses en coordonnées cylindriques (r, θ, z), la formule précédente devient alors :

$$\partial^2\emptyset/\partial r^2 + 1/r \, \partial\emptyset/\partial r + 1/r^2 \, \partial^2\emptyset/\partial\theta^2 + \partial^2\emptyset/\partial z^2 = 0.$$

L'intégration de l'équation passe par les conditions aux limites suivantes :

- au niveau de la base du réservoir $(z = h)$, la composante verticale de la vitesse du liquide est nulle, soit : $\partial\emptyset/\partial z = 0$;
- la vitesse de translation du liquide suivant l'axe Ox est égale à la vitesse horizontale du réservoir, soit : $\partial\emptyset/\partial r = f'(t) \cos\theta$ ($f'(t) \cos\theta$ est la composante radiale de la vitesse $f'(t)$) ;

- la pression du liquide en surface est nulle, soit : $p_{(z\,=\,0)} = 0$.

Dès lors, l'intégration de l'équation différentielle précédente se fait en séparant les variables, comme vu précédemment dans la méthode de Jacobson et Ayre.

On en déduit que la pression p de l'eau peut se mettre sous la forme :

$p = -m\,\partial\varnothing/\partial t = m\,f''(t)\,\cos\theta\ \mathrm{S}\ \mathrm{An}\ \sin(nkz)\ \mathrm{J}_1(nkr)$.

Où :

- m est la masse volumique du liquide contenu ;
- $\mathrm{A}_n = 8h/(\pi n)^2\ [\mathrm{J}_0(nkr) - \mathrm{J}_1(nkr)/nkr]^{-1}$;
- J_i fonction de Bessel d'ordre i ;
- $k = \pi/2h$

La résultante des pressions est obtenue en intégrant p pour z compris entre 0 et h et pour θ compris entre $-\Pi/2$ et $\Pi/2$.

La valeur de cette résultante au contact de la paroi vaut alors ($r = \mathrm{R}$) :

$$P_i = 2 \iint p(R)\cos\theta\ r\,d\,\theta dz$$

Soit encore :

$$P_i = -mf''(t)hR \sum_{n=1,3,5}^{\infty} AnJ_1(nkR)/n$$

Ce qui peut être mis sous la forme : $\mathrm{P}_i = m_i\,\mathrm{A}_g(t)$.

Avec :

- $\mathrm{A}_g(t) = f''(t)$;

- $m_i = mhR \displaystyle\sum_{n=1,3,5}^{\infty} AnJ_1(nkR)/n$.

On pose alors :

$n = \text{impair} = 2n' + 1$

$$v_n = \frac{2n' + 1}{2}\Pi$$

$$\gamma = \frac{H}{R}$$

$$An = \frac{8H}{\Pi^2 n^2}\,\frac{1}{J_0(nkR) - \dfrac{J_1(nkR)}{nkR}} = \frac{2H}{vn^2}\,\frac{1}{J_0(vnR/H) - \dfrac{J_1(Rvn/H)}{vnR/H}}$$

$$An = \frac{2H}{vn^2}\,\frac{1}{J_0(vn/\gamma) - \dfrac{J_1(vn/\gamma)}{Vn/\gamma}}$$

La valeur de m_i est alors :

$$m_i = mHR \sum_{n=0}^{\infty} \frac{2H}{vn^2} \frac{1}{J_0(vn/\gamma) - \frac{J_1(vn/\gamma)}{Vn/\gamma}} J_1(vn/\gamma)/(2n'+1).$$

La masse d'eau au repos est : M = $m\Pi R^2 H$.

Soit en reportant dans l'expression précédente :

$$m_i = M/\Pi R \sum_{n=0}^{\infty} \frac{2H}{vn^2} \frac{1}{J_0(vn/\gamma) - \frac{J_1(vn/\gamma)}{Vn/\gamma}} J_1(vn/\gamma)/(2vn/\Pi).$$

$$m_i = m\gamma \sum_{n=0}^{\infty} \frac{1}{vn^3} \frac{1}{J_0(vn/\gamma) - \frac{J_1(vn/\gamma)}{Vn/\gamma}} J_1(vn/\gamma).$$

La formule A4 de l'EN 1998-4 indique un coefficient 2 qui n'a pas lieu d'être.

On a donc une masse impulsive rigide qui peut être mise sous la forme (avec les notations de l'EC8) :

$$m_i = m\gamma \sum_{n=0}^{\infty} \frac{1}{vn^3} \frac{1}{I_0(vn/\gamma) - \frac{I_1(vn/\gamma)}{Vn/\gamma}} I_1(vn/\gamma).$$

Les valeurs numériques sont données dans le graphe suivant (figure 4.14) :

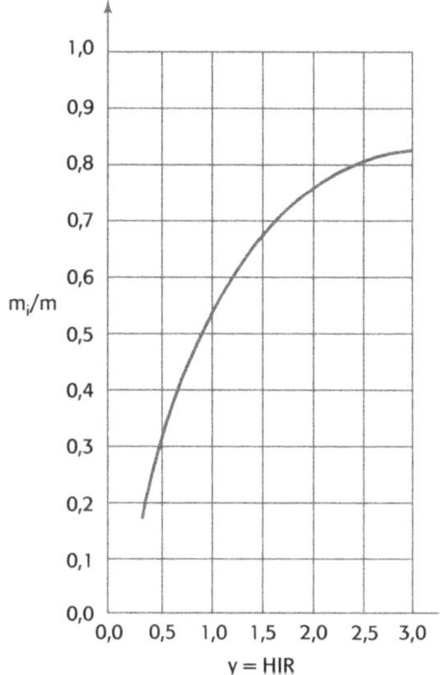

Figure 4.14 Valeur de m$_i$/m en fonction de H/R (EN 1998-4)

La résultante des efforts de pression génère donc à la base de la paroi un effort tranchant dont la valeur est alors :

$Q_i = m_i A_g(t)$.

Rappel

$A_g(t)$ est la variation d'accélération du sol en champ libre dont la valeur maximale est a_g.

Cette résultante des efforts de pression génère également juste au-dessus du fond du réservoir un moment de la forme :

$M_i = m_i \, A_g(t) \, h_i.$

Où h_i représente la cote du point d'application de la résultante par rapport au fond du réservoir.

Les pressions qui s'exercent sur le fond du réservoir créent un moment supplémentaire juste sous le fond. Le moment total peut être mis sous la forme :

$M_i' = m_i \, A_g(t) \, h_i'.$

Le calcul de h_i résulte de l'application de la méthode de Jacobsen et Ayre, dans laquelle on avait :

$h_i = H - z$ où H est la hauteur du plan d'eau et z la profondeur d'application de la résultante des pressions. Dans cette formule :

$$z = \frac{2H}{\Pi} \frac{\sum AnI_1(nkR)/n^2}{\sum AnI_1(nkR)/n}$$

Soit avec les notations précédentes :

$$z = \frac{2H}{\Pi} \frac{\sum \frac{\Pi^2 H}{2vn^4} \frac{I_1(v_n/\gamma)}{(I_0(v_n/\gamma)-(\gamma/v_n)I_1(v_n/\gamma))}}{\sum \frac{\Pi H}{vn^3} \frac{I_1(v_n/\gamma)}{(I_0(v_n/\gamma)-(\gamma/v_n)I_1(v_n/\gamma))}}$$

$$z = 2H \frac{\sum \frac{1}{2vn^4} \frac{I_1(v_n/\gamma)}{(I_0(v_n/\gamma)-(\gamma/v_n)I_1(v_n/\gamma))}}{\sum \frac{1}{vn^3} \frac{I_1(v_n/\gamma)}{(I_0(v_n/\gamma)-(\gamma/v_n)I_1(v_n/\gamma))}}$$

Soit :

$$h_i = H - \frac{\sum \frac{1}{2vn^4} \frac{I_1(v_n/\gamma)}{(I_0(v_n/\gamma)-(\gamma/v_n)I_1(v_n/\gamma))}}{\sum \frac{1}{vn^3} \frac{I_1(v_n/\gamma)}{(I_0(v_n/\gamma)-(\gamma/v_n)I_1(v_n/\gamma))}}$$

Ou encore :

$$h_i = H \frac{\sum \frac{1}{vn^4}(v_n - 1) \frac{I_1(v_n/\gamma)}{(I_0(v_n/\gamma)-(\gamma/v_n)I_1(v_n/\gamma))}}{\sum \frac{1}{vn^3} \frac{I_1(v_n/\gamma)}{(I_0(v_n/\gamma)-(\gamma/v_n)I_1(v_n/\gamma))}}$$

La formule retenue par l'EN1998-4 est mise sous la forme (A-6b) :

$$h_i = H\frac{\sum \frac{(-1)^n}{vn^4}\left(v_n(-1)^n - 1\right)\frac{I_1(v_n/\gamma)}{(I_0(v_n/\gamma)-(\gamma/v_n)I_1(v_n/\gamma)}}{\sum \frac{1}{vn^3}\frac{I_1(v_n/\gamma)}{(I_0(v_n/\gamma)-(\gamma/v_n)I_1(v_n/\gamma)}}$$

Les valeurs de h_i et h_i' sont données par la figure 4.15.

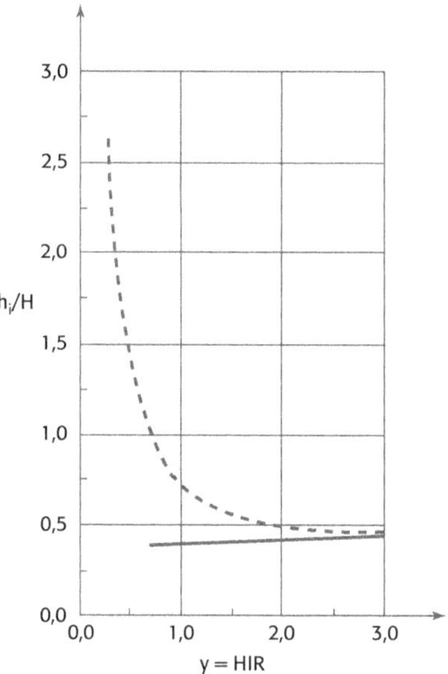

Figure 4.15 Valeurs de h_i (trait continu) et h_i' (trait discontinu) (EN 1998-4)

Nota

Pour les réservoirs élancés (H > R) les valeurs de h_i et de h_i' sont confondues. Par contre, pour des ouvrages peu élancés, la valeur de h_i est un peu inférieure à la mi-hauteur de la surface libre du liquide H du réservoir.

Comparaison des valeurs obtenues avec les différentes méthodes :

Tableau 4.6 Tableau comparatif des valeurs numériques

EN 1998-4				Méthode d'Houzner	
H/R	M_i/m	h_i/h	h_i'/h	M_i/m	h_i/h
0,3	0,176	0,400	2,640	0,173	2,762
0,5	0,300	0,400	1,460	0,288	1,610
0,7	0,414	0,401	1,009	0,398	1,130
1,0	0,548	0,419	0,721	0,542	0,797
1,5	0,686	0,439	0,555	0,710	0,580
2,0	0,763	0,448	0,500	0,808	0,494
2,5	0,810	0,452	0,480	0,866	0,453
3,0	0,842	0,453	0,472	0,902	0,429

La méthode de l'EC8 et la méthode simplifiée d'Houzner donnent globalement des valeurs semblables (à 7 % près en moyenne) pour les valeurs de la hauteur du point d'application prises à partir du dessous du fond du réservoir.

4.2.5.2 La pression convective

Elle est fonction de l'espace et du temps.

L'Eurocode propose une approche sensiblement identique à celle adoptée par Houzner, à savoir, la prise en compte d'une masse convective représentée par une masse m_c reliée aux parois rigides du réservoir par des ressorts de raideur :

$K_0 = \omega^2\ m_c$.

La méthode d'Houzner précisait que les actions d'oscillation pouvaient être mises sous la forme :

$p = \rho\ R^3/3\ (27/8)^{1/2}\ [1- (\cos^2\theta)/3 - (\sin^2\theta)/2]\ \cos\theta\ A_i$.

Avec $A_i = [ch(27/8)^{1/2}\ (h - z)/R]/[sh(27/8)^{1/2}\ h/R]\ \Phi_0\omega_0{}^2\sin\omega_0 t$.

Dans cette formule, les paramètres sont définis par :

- $\omega_0{}^2 = g/R\ (27/8)^{1/2}\ th((27/8)^{1/2}\ h/R)$ pulsion fondamentale de vibration du liquide ;
- Φ_0 angle maximal d'oscillation pour $z = 0$;
- $\Phi = [ch(27/8)^{1/2}\ (h - z)/R]/[sh(27/8)^{1/2}\ h/R]\ \Phi_0\omega_0 t$ angle d'oscillation.

Si l'on pose :

- $$\lambda 1 = \sqrt{\frac{27}{8}} = 1,841;\ \lambda 2 = 5,331;\ \lambda 3 = 8,536\,;$$

- $A_{cn}(t)$ = variation de l'accélération de l'oscillateur de pulsation ω_n ;

- $$\Psi n = \frac{2R}{(\lambda_n{}^2 - 1)I_1(\lambda_n)ch(\lambda_n\gamma)}\ ;$$

- $$\omega n = \sqrt{\frac{g\lambda_n th(\lambda_n\gamma)}{R}}$$

La valeur de la pression convective sur les parois vaut alors :

$$p_c = \rho \sum \psi_n ch(\lambda_n\gamma)I_1\left(\lambda_n\frac{z}{H}\right)\cos\theta.A_{cn}(t)$$

Lorsque z = H, les fonctions de Bessel se simplifient et l'on retrouve la formule d'Houzner.

La résultante des pressions convectives correspondant aux n fréquences de ballottements est donnée par :

$$Q_c(t) = \sum m_{cn}A_{cn}(t)$$

Où :

m_{cn} est la nième masse modale convective = $m\dfrac{2th(\lambda_n\gamma)}{\gamma\lambda_n(\lambda_n{}^2 - 1)}$

Le moment engendré sous la dalle de fond du réservoir peut être mis sous la forme :

$$M'_c(t) = \sum Q_{cn}(t) h_{cn}$$

$$\text{Avec}: h_{cn} = H\left[1 + \frac{1 - ch(\lambda_n(t))}{\lambda_n \lambda sh(\lambda_n \gamma)}\right]$$

L'EN 1998-4 propose les abaques relatifs aux deux premières masses modales de ballottement.

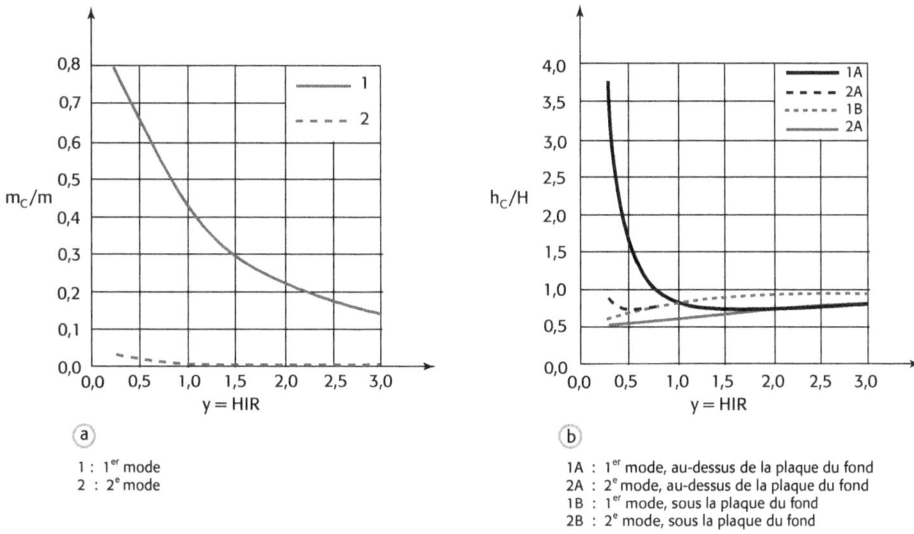

(a)

1 : 1er mode
2 : 2e mode

(b)

1A : 1er mode, au-dessus de la plaque du fond
2A : 2e mode, au-dessus de la plaque du fond
1B : 1er mode, sous la plaque du fond
2B : 2e mode, sous la plaque du fond

Figure 4.16 Abaques relatifs aux deux premières masses modales de ballottement (EN 1998-4)

Tableau 4.7 Tableau comparatif des valeurs obtenues entre la méthode d'Houzner et l'EN 1998-4

	Selon l'EN 1998-4			Selon Houzner		
H/R	m_c/m mode 1	m_c/m mode 2	h_c/H au-dessous plaque de fond	M_0/M	h_0/h	h_0*/h
0,5	0,650	0,20	0,543	0,462	0,533	1,573
1	0,420	0	0,616	0,302	0,605	0,784
1,5	0,300	0	0,690	0,210	0,681	0,727
2,0	0,220	0	0,751	0,159	0,742	0,755
2,5	0,180	0	0,794	0,127	0,787	0,791
3,0	0,150	0	0,825	0,106	0,820	0,822

La hauteur de la vague convective proposée par la méthode d'Houzner était :

$$d_{\max} = \frac{0,408R}{\left(\frac{g}{\omega_0^2 \Phi_0 R} - 1\right) th\left(\sqrt{\frac{27}{8}\frac{H}{R}}\right)}$$

Cette valeur pouvait être arrondie par approximation à :

$$d_{\max} = \Phi 0 R = 0,83\frac{Sa}{g}.R.$$

L'EN 1998-4 a retenu la formule suivante :

$$d_{\max} = 0,84 \frac{Se(T_{c1})}{g} . R.$$

Où $S_e(T_{c1})$ est le spectre de réponse élastique de l'accélération du 1er mode convectif.

4.2.5.3 La pression inertielle des parois

Pour les ouvrages en béton, l'EN 1998-4 recommande de prendre en compte également les forces d'inertie parallèles à l'action sismique horizontale.

Ces forces induisent une pression complémentaire normale à la paroi et peuvent être mises sous la forme :

$$p_w = \rho_s \, s(\varsigma) \, \cos\theta \, A_g(t).$$

Avec :

- ρ_s : masse volumique du matériau composant la paroi ;
- $s(\varsigma)$: épaisseur de la paroi.

Cette pression inertielle est à ajouter à la pression impulsive.

4.3 Application pratique

On considère un réservoir composé d'une cuve cylindrique d'axe vertical posé au sol et dont les caractéristiques géométriques sont les suivantes :

- rayon de la cuve : R = 4,70 m ;
- hauteur de la cuve : H = 4,25 m ;
- hauteur du liquide : h = 3,90 m ;
- densité du liquide : m = 1 t/m^3 ;
- amortissement du liquide : 0,5 %.

Les caractéristiques de l'action sismique sont données par :

- accélération maximale du sol : 0,7 m/s^2 ;
- accélération Sa : 0.9 m/s^2.

4.3.1 Calcul selon la méthode de Jacobsen et Ayre

La méthode ne définit que des pressions d'impulsion.

La pression totale est définie par :

$$Pt = -m \, a_m \, h \, R^2 \, \omega_i.$$

Dans notre cas, les valeurs des différents paramètres sont les suivantes :

- m = 1 ;
- a_m = 0,7 m/s^2 ;
- h = 3,90 m ;

- R = 4,70 m ;
- ω_i = 1,603 (h/R = 0,83 et R/H = 1,10).

La modélisation du calcul peut se faire en considérant une masse « impulsive » M_i qui peut se mettre sous la forme :

$$M_i = M\frac{Pt}{mf''(t)\pi R^2 H} = M\frac{\sum \frac{A_n I_n(nkR)}{n}}{\pi R} = M\frac{\varpi_i R}{\pi R} = \frac{\varpi_i}{\pi}.$$

On en déduit que :

$$M_i = 270,5.\frac{1,603}{\pi} = 138,10t.$$

Cette masse est accélérée par a_m pour produire une force résultante d'impulsion sur la paroi de :

$$F_i = M_i.a_m = 138,10 \times 0,7 = 96,67\ k\text{N}.$$

Cette force est appliquée à la hauteur h_i telle que :

$$h_i = h - z = \frac{h - 2h}{\frac{P(\sum A_n J1(\frac{nkR}{n^2}))}{(\frac{\sum A_n J_1(nkR)}{n})}} = h - \frac{2h}{\pi}\frac{\sum \frac{A_n I_1(nkR)}{n^2}}{\varpi_i R} = \frac{2h}{\pi\varpi_i R_{(1-\ldots)}}$$

Soit : $h_i = h - z = 3,90 - 0,33 = 3,57$ m.

Il en résulte en pied de paroi la présence d'un moment de renversement :

$$M = F_i \times h_i = 96,67 \times 3,57 = 345,11\ \text{kNm}.$$

4.3.2 Calcul selon la méthode de Hunt et Priestley

À la différence de la méthode précédente, la méthode de Hunt et Priestley tient compte d'une pression d'impulsion et d'une pression d'oscillation.

Dans notre cas, les valeurs des différents paramètres sont les suivantes :

- m = 1 ;
- a_m = 0,7 m/s^2 ;
- h = 3,90 m ;
- R = 4,70 m ;
- δ_i = 1,232 (h/R = 0,83 et R/H = 1,10).

On a donc : h < 1,5R.

4.3.2.1 Pression d'impulsion

La pression d'impulsion est donnée par : $P_i = -m\,a_m\,h\,R^2\,\delta_i$.

Avec le coefficient δ_i donné par les tableaux précédents en fonction de R/H et de f

(f est la fréquence de l'accéléromètre correspondant à a_m = 0,7 m/s^2, on considère que la valeur est obtenue pour une période T = 0,21s soit f = 4,8 Hz.)

On a donc : δ_i = 1,85 (pour R/H = 1,111).

Et : $P_i = -m\, a_m\, h\, R^2\, \delta_i = 111{,}57\ k\text{N}$.

Le point d'application de la résultante des pressions d'impulsion est donné par les abaques ci-dessus :

On lit $Z_i = 0{,}58$ pour $R/h = 1{,}20$.

Avec la hauteur du point d'application $Z_i = h \times Z_i = 0{,}58 \times 3{,}90 = 2{,}26$ m.

Le moment engendré en pied de paroi par la pression d'impulsion vaut donc :

$$M_i = 111{,}57 \times (3{,}70 - 2{,}26) = 160\ \text{kNm}.$$

4.3.2.2 Pression d'oscillation

La valeur de la pression d'oscillation est donnée par :

$$P_0 = -m\, a_m\, h\, R^2\, \delta_0.$$

Avec le coefficient δ_0 qui vaut : $0{,}224$ (pour $R/H = 1{,}111$).

Et : $P_0 = -m\, a_m\, h\, R^2\, \delta_0 = 13{,}51$ kN.

Le point d'application de la résultante des pressions d'oscillation est donné par les abaques ci-dessus :

On lit $Z_i = 0{,}35$ pour $R/h = 1{,}20$.

Avec la hauteur du point d'application $Z_0 = R \times Z_0 = 4{,}7 \times 0{,}35 = 1{,}64$ m.

$$M_0 = 13{,}51 \times (3{,}70 - 1{,}64) = 27{,}8\ \text{kNm}.$$

4.3.3 Calcul selon la méthode de Houzner

À partir des mêmes hypothèses que les deux exemples précédents, la méthode d'Houzner permet de définir les paramètres suivants :

4.3.3.1 Actions d'impulsion

La force résultante d'impulsion sur la paroi : $P_i = a_m\, M_i$.

Avec :

- $a_m = 0{,}7$ m/s^2 ;
- M_i donnée dans les abaques d'Houzner soit pour $R/h = 1{,}20$, $M_i/M = 0{,}468$.

La masse du fluide vaut au repos $M = 270{,}5t$.

On a donc : $M_i = 0{,}468 \times 270{,}5 = 126{,}60t$.

La pression sur la paroi vaut alors : $P_i = 0{,}7 \times 126{,}60 = 88{,}62\ k\text{N}$ appliquée sur le ½ périmètre de la paroi.

Le point d'application de la force d'impulsion vaut : $h_i/h = 0{,}947$ (interpolation des valeurs abaque 2.9), soit $h_i = 3{,}70$ m.

On en déduit que le moment de renversement total dû aux actions d'impulsion vaut :

$$M_{ti} = -88{,}62 \times 3{,}70 = -327{,}9\ \text{kNm}.$$

Nota

Le moment de renversement dû à la pression sur le radier correspond à un point d'application de la force de 1,46 *m*, soit une valeur du moment de −128 kNm.

4.3.3.2 Actions d'oscillation

La fréquence du mode fondamental de vibration du liquide f_0 est donnée par :

$$f_0 = \frac{\varpi}{2\pi} = 1,2\frac{gRi\Phi_0}{RAi}.$$

La valeur de $\dfrac{gRi\Phi_0}{RAi}$ est donnée dans les abaques d'Houzner en fonction de R/h.

Soit : $f_0 = 0,3$ Hz et une période T = 3,34 s.

La valeur de la masse d'oscillation est tirée des abaques, soit M_0/M = 0,349.

Et donc : M_0 = 94,23 t.

La résultante des forces d'oscillation s'exerçant sur la paroi vaut :

$$P_0 = 1,2 \times M_0 \times g \times \Phi_0.$$

avec : $\Phi_0 = 0,83\ Sa/g$ (où Sa est l'accélération issue du spectre correspondant à f_0 : voir nota 2 ci-après).

Soit : $\Phi_0 = 0,83 \times 0,9/9,81 = 7,61\ 10^{-2}$.

Et donc :

$$P_0 = 1,2 \times 94,23 \times 9,81 \times 0,0761 = 84,41\ kN.$$

Le point d'application de la résultante des forces d'oscillation est donné par le tableau 4.5; soit : $h_0/h = 0,58$ et donc $h_0 = 0,58 \times 3,90 = 2,26$ m.

En première approximation, pour des valeurs de fréquences d'excitation très grandes devant celle du mode fondamental, on peut dire que la hauteur maximale de la vague vaut :

$$d_{max} = R \times \Phi_0 = 4,70 \times 0,0761 = 0,36 \text{ m.}$$

Le point d'application modifié de la masse M_0 est $h_0{}^* = 0,88 \times h = 3,43$ m.

Le moment de renversement total est donc de :

$$Mt_0 = 3,43 \times 84,41 = 289,53 \text{ kNm.}$$

Nota 1

Comme le soulignait Victor Davidovici dans les *Annales ITBTP* n° 256, la comparaison des pressions d'oscillation entre les théories de Hunt et Priestley et d'Houzner nécessite la connaissance de l'accélérogramme et du spectre des accélérations correspondant de façon à définir de façon précise la valeur de la fréquence *f*. Pour des réservoirs dont le taux de remplissage est faible, il est loisible de retenir la méthode simplifiée d'Houzner, par contre pour des réservoirs dont le taux de remplissage est important (stockage d'hydrocarbures…), cette dernière conduit à un surdimensionnement des structures.

Nota 2

La valeur de Sa prise en hypothèse pour le calcul de la pression d'oscillation (0,9 m/s²) est forte au regard de la valeur de la fréquence propre du liquide.

Si l'on considère une période T = 3,33 s, la valeur de l'accélération issue du spectre élastique donnerait une valeur $Sa = Se$(T) = a_g S 2,5 η [TC.TD/T²], soit une valeur de $Sa = 0,32$ m/s² en considérant un sol de catégorie A et un amortissement à 5 %.

Il en résulte que la valeur de $\Phi_0 = 0,0271$ et une pression d'oscillation $P_0 = 30\ kN$.

Le moment de renversement qui en découle vaut alors :

– $Mt_0 = 67,83$ kNm sur le fond du réservoir ;

– $Mt_0 = 103$ kNm sous le fond du réservoir.

4.3.4 Calcul selon la méthode de l'EN1998-4

À partir des mêmes hypothèses que les deux exemples précédents, la méthode de l'EN1998-4 permet de définir les paramètres suivants :

4.3.4.1 Actions d'impulsion

La force résultante d'impulsion sur la paroi : $P_i = A_g(t)\, m_i$.

Avec :

- $A_g(t) = 0,7$ m/s² ;
- m_i donnée dans les abaques en fonction de H/R = 3,90/4,70 = 0,830, soit $m_i/m = 0,460$.

La masse du fluide vaut au repos m = 270,5 t.

On a donc : $m_i = 0,460 \times 270,5 = 124,48$ t.

La pression sur la paroi vaut alors : $P_i = 0,7 \times 124,48 = 87,10$ kN.

Le point d'application de la force d'impulsion au-dessus de la plaque de fond est donné par les abaques précédents en fonction de H/R et vaut : $h_i/H = 0,409$, soit $h_i = 1,51$ m.

On en déduit que le moment dû aux actions d'impulsion au-dessus du fond du réservoir vaut :

$$M_i(t) = m_i\, h_i\, A_g(t) = 87,10 \times 1,51 = 131,52 \text{ kNm.}$$

Sous le fond du réservoir, le moment est amplifié par le couple appliqué sur le radier et est déduit des abaques précédents :

$$M_i(t) = m_i\, h'_i\, A_g(t) = 87,10 \times 0,884 \times 3,70 = 284,95 \text{ kNm}$$

4.3.4.2 Actions convectives

La fréquence du mode fondamental f_0 est donnée par :

$$f_0 = \frac{\varpi}{2\pi} = \frac{4,2}{2\pi\sqrt{R}} = 0,31 Hz.$$

La valeur de la masse d'oscillation est tirée des abaques en fonction de H/R, soit $m_c/m = 0,528$.

Et donc : $m_c = 142,8\ t$.

La résultante des forces d'oscillation s'exerçant sur la paroi vaut :

$$P_c = 142,8 \times 0,70 = 99,96\ kN.$$

Le point d'application de la résultante des forces d'oscillation est donné par le tableau ci-dessus 4.7, soit : $h_c/h = 0,590$ et donc $h_c = 0,59 \times 3,90 = 2,30$ m.

Le moment de renversement situé juste au-dessus du fond du réservoir vaut alors :

$$M_c = 99,96 \times 2,30 = 230 \text{ kNm.}$$

Juste au-dessous du fond, la valeur de $h'_c/h = 0,913$, soit $h'_c = 3,38$ m.

Le moment de renversement juste sous le fond vaut alors :

$$M'_c = 99,96 \times 3,38 = 337,8 \text{ kNm.}$$

En première approximation, pour des valeurs de fréquences d'excitation très grandes devant celle du mode fondamental, on peut dire que la hauteur maximale de la vague vaut :

$$d_{\max} = \frac{0,84 R S_e(t)}{g} = \frac{0,84 \times 4,70 \times 0,9}{9,81} = 0,36 \text{ m.}$$

Tableau 4.8 Tableau comparatif des méthodes

Méthode	Masse impulsive (*t*)	Hauteur d'application (*m*)	Moment dû à la composante impulsive (kNm)	Masse convective (*t*) (*m*)	Hauteur d'application	Moment dû à la composante convective (kNm)
Jacobsen et Ayre	138,10	3,57	345,11	0	0	0
Hunt et Priestley	159,4	2,26	160	19,3	1,64	27,8
Houzner (sous le fond du réservoir)	126,60	3,70	327,90	94,23	3,43	289,53 (103)
Houzner (sur le fond du réservoir)	126,60	1,46	128	94,23	2,26	190,8 (68)
EN 1998-4 (sous le fond du réservoir)	124,48	3,70	284,95	142,8	3,38	337,8
EN 1998-4 (sur le fond du réservoir)	124,48	1,51	131,5	142,8	2,30	230

Commentaires

L'annexe A de l'EN 1998-4 donne des valeurs cohérentes avec la méthode d'Houzner pour la composante impulsive, mais présente des valeurs très fortes pour la composante convective au niveau du 1er mode, d'où l'importance d'une sélection des modes utiles.

4.4 Méthode de calcul des réservoirs à parois planes

4.4.1 Domaine de validité/hypothèses de calcul

Les hypothèses sont les mêmes que pour les réservoirs circulaires.

Nous étudierons successivement les méthodes de Hunt et Priestley, d'Houzner et de l'EN 1998-4.

On considère donc un réservoir rectangulaire de longueur 2L et de largeur *b*.

La hauteur du liquide dans le réservoir est *h*, la hauteur totale de la paroi est H.

Le repère O, *x*, *y*, *z* est pris au niveau du centre de gravité de la masse liquide.

Le réservoir est soumis à une accélération $a(t)$ selon la direction Ox.

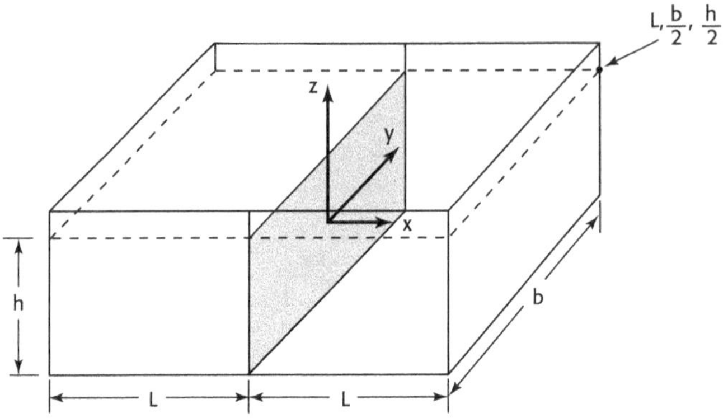

Figure 4.17 Réservoir rectangulaire

Annales ITBTP, n°409, décembre 1982

4.4.2 Méthode de Hunt et Priestley

Comme pour les réservoirs cylindriques, la résultante des pressions hydrodynamiques est la somme d'une pression d'impulsion P_i et d'une pression d'oscillation P_0.

En effet, le même calcul que celui mené pour les réservoirs circulaires conduit à écrire que le champ des vitesses peut se mettre sous la forme :

$$\Phi(X, Y, t) = \sum F_n(t) \sin \alpha_n \times \frac{ch\alpha_n(h - Z)}{ch\alpha_n h}.$$

Avec :

$$\alpha_n = \frac{(2n - 1)\pi}{2}.$$

$$F_n(t) = \frac{2(-1)^n}{\alpha_n^2} \int a(t) \cos \beta_n(t - Z)d\tau.$$

$$\beta_n = \sqrt{\alpha_n th\alpha_n h}.$$

La pression exercée sur la paroi est :

$$p(X, Y, t) = Z - \frac{d\Phi}{dt} - Xa(t).$$

Ou encore :

$$p(X, Y, t) = Z - Xa(t) - \sum F_n'(t) \sin \alpha_n \times \frac{ch\alpha_n(h - Z)}{ch\alpha_n h}.$$

Sur une largeur unité de réservoir ($b = 1$), la somme sur la surface des parois permet de trouver la pression résultante sur les parois verticales :

$$Pt = -2h[a(t) + \sum(-1)^{n+1}F_n'(t)\frac{th(\alpha_n h)}{\alpha_n h}.$$

En tenant compte de la masse du liquide, cette pression résultante devient :

$$Pt = -2\rho g h L \left[\frac{a(t)}{g} + \sum (-1)^{n+1} F'_n(t) \frac{th(\alpha_n h)/L}{\alpha_n h/L} \right].$$

Si l'on met $a(t)$ sous la forme : $a(t) = a_m \sin\omega t$, la valeur de $F'n(t)$ est alors modifiée et l'on peut écrire que :

$$Pt = -2\rho g h L \left[\frac{a(t)}{g} + \sum (-1)^{n+1} \frac{2a_m \varpi (-1)^n}{\alpha_n^2} \left[\frac{\varpi \sin \varpi t}{(\varpi^2 - \beta_n^2)} - \frac{\beta_n \sin \beta_n t}{(\varpi^2 - \beta_n^2)} \right] \frac{th(\alpha_n h)/L}{\alpha_n h/L} \right.$$

Hunt et Priestley considèrent alors que cette résultante est la somme de deux facteurs, dont l'un est la composante impulsive et l'autre la composante convective, soit :

$$P_i = -\rho a(t) h L \left[1 - \frac{2\varpi^2 L^2}{h} \sum \frac{th(\alpha_n h/L)}{\alpha_n^3(\varpi^2 L - g\beta_n^2)} \right] = -\rho a(t) h L \mu_i.$$

$$P_0 = \pm 2\rho g h L \sum \frac{a_m \varpi \beta_n th(\alpha_n h/L)}{\alpha_n^3(\varpi^2 L - g\beta_n^2)h/L} = \pm 2\rho g h L \mu_0.$$

Les valeurs de μ_0 et de μ_i sont données dans les tableaux 4.9 et 4.10 :

Tableau 4.9 Valeur des coefficients μ_i et μ_0 pour h < 1,5 L

$f = 1,6$ Hz	$f = 4,8$ Hz	$f = 8$ Hz	$f = 16$ Hz	L/H
Valeur du coefficient μ_i				
0,800	0,482	0,520	0,537	5
0,359	0,512	0,531	0,540	2,50
0,390	0,518	0,530	0,536	1,667
0,412	0,509	0,518	0,522	1,250
0,417	0,490	0,496	0,499	1,000
0,410	0,465	0,470	0,472	0,833
0,396	0,438	0,442	0,443	0,714
Valeur du coefficient μ_0				
0,661	0,428	0,253	0,125	5
0,660	0,223	0,132	0,065	2,50
0,445	0,141	0,084	0,041	1,667
0,311	0,096	0,057	0,028	1,250
0,224	0,068	0,040	0,020	1,000
0,165	0,050	0,029	0,015	0,833
0,126	0,038	0,022	0,011	0,714

Tableau 4.10 Valeur des coefficients μ_i et μ_0 pour $h > 1,5$ L

$f = 1,6$ Hz	$f = 4,8$ Hz	$f = 8$ Hz	$f = 16$ Hz	L/H
Valeur du coefficient μ_i				
0,378	0,411	0,414	0,415	0,625
0,340	0,362	0,364	0,365	0,500

0,262	0,272	0,273	0,273	0,333
0,210	0,215	0,216	0,216	0,250
0,174	0,178	0,178	0,178	0,200
0,149	0,151	0,151	0,152	0,167
0,115	0,116	0,116	0,117	0,125
0,094	0,094	0,095	0,095	0,100
Valeur du coefficient μ_0				
0,098	0,029	0,017	0,009	0,625
0,064	0,019	0,011	0,006	0,500
0,028	0,008	0,005	0,002	0,333
0,016	0,005	0,003	0,001	0,250
0,010	0,003	0,002	0,001	0,200
0,00	0,00	0,00	0,00	0,167
0,00	0,00	0,00	0,00	0,125
0,00	0,00	0,00	0,00	0,100

4.4.3 Méthode approchée d'Houzner

La méthode est identique à celle décrite pour les réservoirs circulaires appliquée à un ouvrage de largeur 2L et de largeur unité.

Les hypothèses du mouvement sont les mêmes et la pression d'impulsion exercée par le liquide sur une paroi verticale peut se mettre sous la forme :

$$p = -\rho h^2 \left[\frac{z}{h} - 0,5(\frac{z}{h})^2 \right] \frac{du'}{dx}.$$

Avec la valeur de l'accélération $u' = du/dt$ valant :

$$u' = a_m \frac{ch\sqrt{3}x/h}{ch\sqrt{3}L/h}.$$

Il vient alors :

$$p = -\rho h^2 \left[\frac{z}{h} - 0,5(\frac{z}{h})^2 \right] a_m \frac{\sqrt{3}}{h} \frac{sh(\sqrt{3}x/h)}{ch(\sqrt{3}L/h)}$$

$$= -\rho a_m h \sqrt{3} \left[\frac{z}{h} - 0,5(\frac{z}{h})^2 \right] \frac{sh(\sqrt{3}x/h)}{ch(\sqrt{3}L/h)}.$$

Lorsque la pression est appliquée au contact des parois verticales ($x = $ L) sur la hauteur, l'intégration de p entre 0 et h donne :

$$Pp = \int_0^h p\,dz = -\rho a_m 2 \frac{h^2}{\sqrt{3}} th(\sqrt{3}L/h).$$

Le modèle retenu est alors celui d'une masse M_i liée rigidement aux parois du réservoir et produisant les efforts précédents.

Il vient donc :

Pp = $M_i\, a_m$,soit

$$Mi = -\rho 2\frac{h^2}{\sqrt{3}}th(\sqrt{3}L/h) = M\frac{th(\sqrt{3}L/h)}{\sqrt{3}L/h} = \rho h L \eta_i.$$

Où M est la masse totale du liquide contenu soit :

$$M = 2\rho h L.$$

On considère que cette masse est disposée à une hauteur $h_i = h - z$, soit :

$$h_i = \frac{3}{8}h.$$

Comme pour les réservoirs circulaires, Houzner a montré que la pression d'oscillation peut être mise sous la forme :

$$P_0 = \rho S_a h L \left[0,53\frac{L}{h}th\left(\sqrt{\frac{5}{2}}h/L\right)\right] \sin \omega_0 t.$$

On considère alors comme précédemment que cette pression d'oscillation est produite par une masse équivalente M_0 telle que : $P_0 = M_0 S_a$.

Soit :

$$M_0 = M\left[\frac{h}{3L}th\left(\sqrt{\frac{5}{2}}h/L\right)\right] = \rho h^2 \eta_0.$$

Cette masse est appliquée à une hauteur ho donnée dans le tableau 3.1 des *Annales ITBTP* n° 409.

La hauteur de la vague est définie pour des fréquences d'excitation très grandes devant la fréquence fondamentale par :

$$d_{\max} = \frac{5}{2}\frac{S_a}{g}\frac{L}{\left(\sqrt{\frac{5}{2}}\right)}.$$

Tableau 4.11 Valeur des coefficients *i* et 0 pour *h* < 1,5 L

-	L/H
Valeur du coefficient η_i	
0,577	5
0,577	2,50
0,574	1,667
0,562	1,250
0,542	1,000
0,516	0,833
0,488	0,714
Valeur du coefficient η_0	
4,053	5
1,853	2,50

1,088	1,667
0,706	1,250
0,487	1,000
0,352	0,833
0,264	0,714

Tableau 4.12 Valeur des coefficients η_i et η_0 pour $h > 1,5\ L$

	L/H
Valeur du coefficient η_i	
0,457	0,625
0,399	0,500
0,296	0,333
0,233	0,250
0,192	0,200
0,163	0,167
0,125	0,125
0,101	0,100
Valeur du coefficient η_0	
0,204	0,625
0,132	0,500
0,059	0,333
0,033	0,250
0,021	0,200
0,00	0,167
0,00	0,125
0,00	0,100

4.4.4 Méthode de l'EN 1998-4

Note préliminaire importante

La méthode présentée dans l'annexe A (informative) a été invalidée par la France. Nous avons cependant voulu expliquer ci-après l'origine des formules de calcul qui y sont mentionnées.

La norme considère le cas de réservoirs rectangulaires rigides posés au sol et liés aux fondations (art. A4).

Dans ce cas, les parois du réservoir sont soumises à une pression totale qui est la somme d'une pression impulsive et d'une pression convective, soit :

$p(z,t) = p_i(z,t) + p_c(z,t)$.

La composante impulsive est donnée par l'expression A44 :

$$p_i(z, t) = q_0(z)\rho L A_g(t).$$

Où :

- L est la demi-largeur du réservoir dans la direction de l'action sismique ;
- $A_g(t)$ a la valeur définie pour les réservoirs circulaires ;

- $q_0(z)$ est une fonction donnant la pression sur la hauteur. Les valeurs numériques sont très voisines de celles données pour un réservoir cylindrique de rayon R = L.

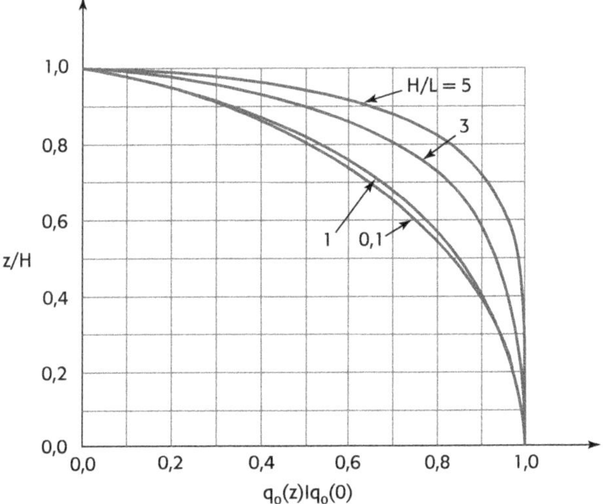

Figure 4.18 Distribution suivant la hauteur des pressions impulsives adimensionnelles sur une paroi de réservoir rectangulaire perpendiculaire à la composante horizontale de l'action sismique (EN 1998-4)

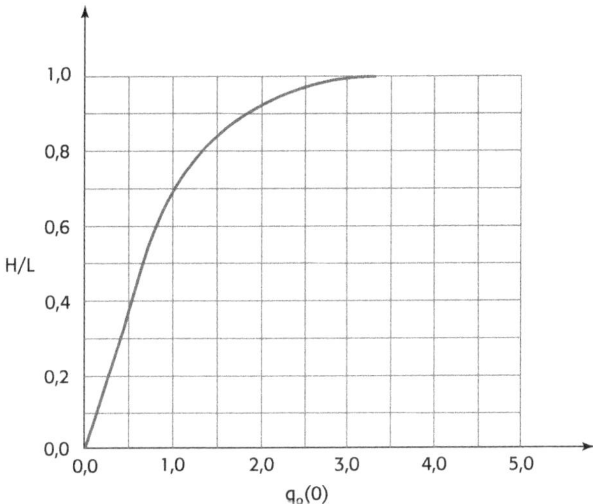

Figure 4.19 Valeur de pic des pressions impulsives adimensionnelles sur une paroi rectangulaire perpendiculaire à la composante horizontale de l'action sismique (EN 1998-4)

Si on se limite au mode fondamental qui assure la contribution dominante, alors la valeur de la pression convective devient :

$$p_{cl}(z, t) = q_{cl}(z)\rho A_1(t).$$

Où :

- $q_{c1}(z)$ est donné dans les abaques suivants ;
- $A_1(t)$ est la réponse en accélération d'un oscillateur simple soumis à $A_g(t)$.

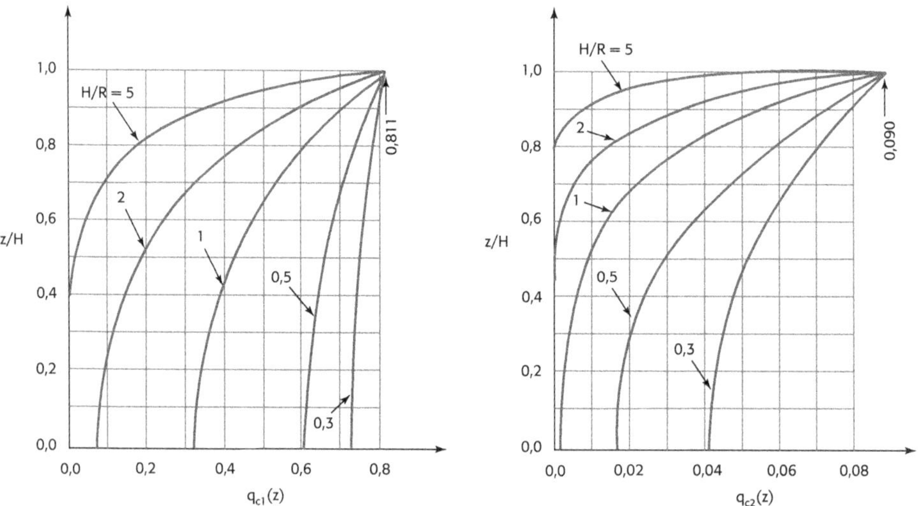

Figure 4.20 Pressions convectives adimensionnelles sur une paroi de réservoir rectangulaire perpendiculaire à la composante horizontale de l'action sismique (EN 1998-4)

Nota

L'EN 1998-4 précise que les valeurs des masses impulsive m_i et convective m_c ainsi que les hauteurs d'application h_i et h_c calculées pour les réservoirs cylindriques peuvent être adoptées pour des réservoirs à parois planes avec une marge d'erreur inférieure à 15 %.

4.4.5 Comparaison avec les méthodes d'Houzner et de Hunt et Priestley sur un exemple

On considère un réservoir à parois planes dont les paramètres sont les suivants :

- demi-longueur dans le sens de l'accélération : L = 4,70 m ;
- hauteur de la paroi : H = 4,25 m ;
- hauteur du liquide : h = 3,90 m ;
- masse volumique du liquide : ρ = 1 t/m^3 ;
- accélération maximale du sol : a_m = 0,70 m/s^2 ;
- accélération Sa : 0.9 m/s^2.

4.4.5.1 Application de la méthode d'Houzner

4.4.5.1.1 Valeur de la pression impulsive

Selon les paramètres L/H = 1,10 et h/L = 0,83 < 1,5, les abaques donnent la valeur de M_i/M soit :

M_i/M = 0,467 d'où la valeur de la masse impulsive équivalente :

$$M_i = 0{,}467 \times 2 \times 1 \times 4{,}70 \times 3{,}90 = 17{,}12 \ t.$$

La pression impulsive vaut donc :

$$P_i = M_i \, a_m = 17{,}12 \times 0{,}70 = 12 \ \text{kN/ml}.$$

Cette pression est appliquée à une hauteur h_i telle que :

$$h_i/\text{h} = 0{,}947, \text{ soit } h_i = 3{,}69 \text{ m}.$$

Soit un moment de renversement :

$$Mti = 12 \times 3{,}69 = 44{,}28 \ \text{kNm/ml}.$$

4.4.5.1.2 Valeur de la pression convective

Avec les mêmes paramètres, la valeur de la masse convective équivalente est donnée dans les abaques par :

$$M_c/\text{M} = 0{,}547, \text{ soit } M_c = 20{,}04 \text{ t}.$$

La résultante des forces d'oscillation s'exerçant sur la paroi vaut :

$$P_c = 1{,}2 \times M_c \times g \times \Phi_0.$$

Avec : $\Phi_0 = 0{,}83 \ Sa/g$ (où Sa est l'accélération issue du spectre).

Soit : $\Phi_0 = 0{,}83 \times 0{,}9/9{,}81 = 7{,}61 \ 10^{-2}$.

Et donc :

$$P_c = 1{,}2 \times 20{,}04 \times 9{,}81 \times 0{,}0761 = 17{,}95 \ \text{kN/ml}.$$

Le point d'application de la résultante des forces d'oscillation est donné par le tableau 3.1 des Annales ITBTP n°409; soit :

$$h_c/h = 0{,}562 \text{ et donc } h_0 = 0{,}562 \times 3{,}90 = 2{,}19 \text{ m}.$$

Le moment de renversement juste au-dessus du radier vaut donc :

$$Mc = 17{,}95 \times 2{,}19 = 39{,}32 \ \text{kNm/ml}.$$

Juste au-dessous du fond, la valeur de $h'_c/h = 0{,}1$, soit $h'_c = 3{,}90$ m.

Le moment de renversement juste sous le fond vaut alors :

$$M'_c = 17{,}95 \times 3{,}90 = 70 \ \text{kNm/ml}.$$

Nota

1) si l'on compare les sollicitations exercées sur un réservoir circulaire de rayon R et un réservoir rectangulaire de longueur L = R, le calcul montre que le rapport des masses d'eau mises en mouvement (344,6/270,5 = 1,27 dans le cas de notre exemple) est identique à celui de moments de renversement (M_{ti}(rectangulaire)/ M_{ti}(circulaire) = 416,23/327,90 = 1,27).

2) Si l'on reprend les valeurs de l'accélération issues de l'exemple du réservoir cylindrique, on trouve P_c = 6,39 kN/ml, soit un moment de renversement :

– M_c = 14 kN/ml au-dessus du fond ;

– M_c = 25 kN/ml au-dessous du fond du réservoir.

4.4.5.2 Application de la méthode de Hunt et Priestley

4.4.5.2.1 Valeur de la pression d'impulsion

Selon Hunt et Priestley, la pression d'impulsion peut se mettre sous la forme :

$$P_i = -\rho a(t)hL\mu_i.$$

La valeur du coefficient est donnée dans les abaques en fonction de la fréquence f, soit : en considérant comme dans l'exemple précédent $f = 4{,}8$ Hz, $\mu_i = 0{,}498$.

La pression résultante vaut alors :

$$P_i = 1 \times 0{,}70 \times 3{,}90 \times 4{,}70 \times 0{,}498 = 6{,}39 \text{ kN/ml.}$$

Le point d'application de la résultante des pressions d'impulsion est donné par figures 4.5 et 4.6 our les réservoirs circulaires :

On lit $Z_i = 0{,}58$ pour $L/h = 1{,}20$.

Avec la hauteur du point d'application $Z_i = h \cdot Z_i = 0{,}58 \times 3{,}90 = 2{,}26$ m.

Le moment engendré en pied de paroi par la pression d'impulsion vaut donc :

$$M_i = 6{,}39 \times (3{,}70 - 2{,}26) = 9{,}20 \text{ kNm/ml.}$$

4.4.5.2.2 Valeur de la pression convective

La valeur de la pression d'oscillation est donnée par :

$$P_0 = 2\rho \times g \times h \times L \times \mu_0.$$

Avec le coefficient μ_0 qui vaut : $0{,}080$ (pour $R/H = 1.111$)

Soit :

$$P_0 = 2_\rho \times g \times h \times L \times \mu_0 = 2 \times 1 \times 9{,}81 \times 3{,}90 \times 4{,}70 \times 0{,}080 = 28{,}77 \text{ kN/ml.}$$

Le point d'application de la résultante des pressions d'oscillation est donné par les abaques des réservoirs circulaires figures 4.5 et 4.6 ci-dessus :

On lit $Z_0 = 0{,}35$ pour $R/h = 1{,}20$.

Avec la hauteur du point d'application $Z_0 = L \cdot Z_0 = 4{,}7 \times 0{,}35 = 1{,}64$ m.

$$M_0 = 28{,}77 \times (3{,}70 - 1{,}64) = 59{,}27 \text{ kNm/ml.}$$

4.4.5.3 Application de la méthode de l'EN 1998-4

4.4.5.3.1 Valeur de la pression impulsive

L'EN 1998-4 précise la valeur de la pression :

$$P_i(z, t) = q_0(z)\rho L A_g(t).$$

Calcul approché : l'EN 1998-4 autorise à prendre en compte dans le calcul des réservoirs rectangulaires les masses impulsives et convectives des réservoirs circulaires en prenant $L = R$.

Dans ce cas, la valeur de la masse impulsive m_i vaut : $m_i = 0{,}46$ m $= 16{,}86$ t/ml.

La valeur de la pression d'impulsion est alors :

$$P_i = m_i A_g(t) = 16{,}86 \times 0{,}7 = 11{,}80 \text{ kN/ml.}$$

Nota

On retrouve des valeurs proches de celles obtenues par la méthode d'Houzner.

Calcul selon les abaques (figures 4.18 et 4.19) : la résultante de la pression impulsive sur la paroi est obtenue en intégrant p_i (z, t) soit :

$$P_i(t) = \int_0^h p_i(z, t)dz \approx \sum \left(\frac{q_0(z)}{q_0(0)} \frac{z}{H} \right).$$

Soit pour $h/L = 0,83$, la figure 4.19 donne $q_0(0) = 1,5$.

La surface définie par la figure 4.18 entre la courbe donnée pour H/L = 1 et les axes vaut de manière approchée :

$(0,2 \times 1,5 \times 0,97 \times 3,90) + (0,2 \times 1,5 \times 0,9 \times 3,90) + (0,2 \times 1,5 \times 0,8 \times 3,90) + (0,2 \times 1,5 \times 0,65 \times 3,90) + (0,2 \times 1,5 \times 0,4 \times 3,90) = 4,35$.

La valeur de P_i est donc :

$$P_i = 4,35 \times 1 \times 4,70 \times 0,7 = 14,32 \text{ kN/ml}.$$

Nota

Les écarts avec la méthode approchée sont de 17 %.

La hauteur d'application de la poussée résultante impulsive est identique à celle définie pour les réservoirs circulaires, soit dans notre exemple :

$$h_i = 1,51 \text{ m}.$$

Le moment de renversement est alors :

$$M_i = 21,63 \text{ kNm/ml}.$$

4.4.5.3.2 Valeur de la pression convective

Calcul approché : comme pour la pression impulsive, l'EN 1998-4 autorise de prendre en compte les valeurs des masses m_c issues du calcul des réservoirs cylindriques avec L = R.

Soit dans notre cas :

$$m_c/m = 0,528 \text{ et donc } m_c = 19,36 \text{ t/ml}.$$

La pression convective résultante est alors de :

$$P_c = 0,70 \times 19,36 = 13,55 \text{ kN/ml}.$$

Cette pression est appliquée à une hauteur $h_c = 2,30$ m et génère un moment de renversement :

$$Mc = 13,55 \times 2,30 = 21,16 \text{ kNm/ml}$$

Tableau 4.13 Comparaison des méthodes

Méthode	Masse impulsive (t/ml)	Hauteur d'application (m)	Moment dû à la composante impulsive (kNm/ml)	Masse convective (t/ml)	Hauteur d'application (m)	Moment dû à la composante convective (kNm/ml)
Hunt et Priestley	9,13	2,26	9,20	41,10	1,64	59,27

Houzner (sous le fond)	17,121	3,69	44,28	20,04	3,90	70 (25)
EN1998-4 (sur le fond)	20,46	1,5	21,63	19,36	2,30	21,16

4.5 Fondations

Nous ne traiterons dans ce chapitre que des dispositions particulières relatives aux renforcements de sol par inclusions souples ou rigides, les modes de fondations plus traditionnels (pieux…) étant abondamment décrits dans la littérature.

4.5.1 Rappel sur le renforcement de sol

Tout ouvrage doit être dimensionné de façon à respecter le critère d'intégrité. Ce critère est satisfait si les conditions de contraintes et de déformations des sols sont respectées.

L'aspect « déformations » (tassements, déplacements horizontaux, distorsions…) est souvent déterminant dans le cas de réservoirs, même si les seuils admissibles ne sont pas fixés par la réglementation, mais par le fonctionnement des ouvrages (canalisations entre bassins par exemple).

La normalisation européenne demande pour les ouvrages géotechniques un calcul en déformation et non pas uniquement en rupture.

Le renforcement de sol intervient alors lorsque le dimensionnement des fondations met en évidence que le sol d'assise n'est pas en l'état susceptible de reprendre les charges transmises sans tassement ou contrainte excessive.

Les réservoirs dont la surface au sol est généralement importante et dont les charges sont de type réparties sont, en conséquence, les cibles privilégiées des solutions d'amélioration des sols.

Ces techniques sont généralement envisageables pour des sols lâches.

On distingue alors deux grands types d'inclusions :

- les inclusions rigides (type CMC, pieux métalliques…) ;
- les inclusions souples (colonnes ballastées non cimentées…).

La question se pose alors du comportement des inclusions sous sollicitations sismiques.

4.5.2 Comportement des inclusions rigides sous sollicitations sismiques

Le projet national Asiri mené entre 2005 et 2011 a abouti en 2012 à l'édition de « Recommandations sur l'amélioration des sols de fondation par inclusions rigides ».

Ce guide comporte un chapitre sur les sollicitations sismiques en corrélation avec le guide AFPS « Procédés d'amélioration et de renforcement de sol sous actions sismiques ».

Ce guide a classé les sols renforcés dans deux domaines distincts :

- 1er domaine : les inclusions sont nécessaires à la stabilité de l'ouvrage (justification sous ELU GEO), il convient donc de s'assurer que durant le séisme, leur résistance mécanique reste dans le domaine élastique (à l'instar des fondations profondes par pieux) ;
- 2e domaine : les inclusions sont nécessaires pour réduire les tassements, mais pas pour la stabilité de l'ouvrage, il convient alors de justifier que la ruine sous action sismique n'est pas atteinte en négligeant les inclusions.

Dans le cas spécifique des réservoirs, les conditions de fonctionnement pendant et après séisme font généralement entrer les inclusions dans le 1er domaine.

Le matelas granulaire disposé sur les têtes des inclusions a alors plusieurs fonctions :

- réduire les contraintes dans les inclusions par la diminution de l'effort tranchant appliqué en tête de l'inclusion et du déplacement horizontal du sol ;
- réduire les efforts inertiels par dissipation d'énergie dans les frottements du matelas ;
- dissiper l'énergie par glissement dans le milieu granulaire.

Dans le cas du *domaine 1*, la vérification devra porter sur les points suivants :

- toutes les sections transversales de l'inclusion restent comprimées sous sollicitations sismiques ;
- les contraintes normales et de cisaillements induites par ces sollicitations restent admissibles pour l'inclusion et le sol.

Le calcul des sols de fondations renforcés par inclusions rigides sous sollicitations sismiques demeure cependant très complexe du fait de la compréhension du comportement de l'interaction sol/inclusion/matelas/fondation sous des chargements cycliques.

On peut distinguer :

- un mouvement induit par le sol sur les fondations (interaction cinématique) ;
- un mouvement de la structure sous sa propre inertie induisant des efforts dans le système sol-fondations (interaction inertielle).

Cas particulier des zones liquéfiables : les inclusions sont susceptibles de réduire le potentiel de liquéfaction d'un sol sous actions sismiques dans les conditions suivantes :

- augmentation de la compacité du sol (refoulement ou vibration). On vérifie cette augmentation après réalisation des inclusions par des essais in situ réalisés entre ces dernières ;
- diminution de la contrainte de cisaillement dans le sol (méthode d'homogénéisation de Hashin).

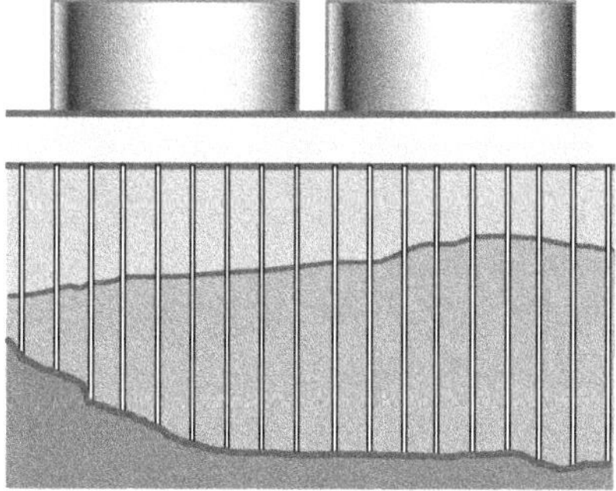

Figure 4.21 Réservoirs sur inclusions rigides

4.5.3 Comportement des inclusions souples sous sollicitations sismiques

L'environnement réglementaire qui encadre ce domaine est composé des textes suivants :

- norme NFP 11-212 (DTU 13.2) chapitre 8 ;
- recommandations sur la conception, le calcul, l'exécution et le contrôle des colonnes ballastées sous bâtiments et ouvrages sensibles au tassement.

L'utilisation des colonnes ballastées en zone sismique peut contribuer à la diminution du potentiel de liquéfaction des sols.

Ainsi l'annexe 1 des recommandations précise les dispositions constructives à adopter lorsque l'étude géotechnique a mis en évidence :

- des couches liquéfiables dont il faut diminuer le potentiel de liquéfaction par resserrement et densification du sol en place ;
- des sols fins présentant un risque de diminution des caractéristiques mécaniques.

Dans ces deux cas et sur la base des retours d'expérience sur des ouvrages ayant subi des séismes de magnitude 6 à 7, il convient d'adopter les dispositions suivantes :

- l'augmentation du taux de substitution minimal permet d'améliorer la densité relative du sol et sa résistance au cisaillement ;
- le débord de traitement d'une rangée au minimum avec des colonnes sur la largeur du débord égale à la moitié de la profondeur de la couche sensible au séisme ;
- une épaisseur de matelas de répartition de 60 cm minimum.

Les critères de dimensionnement prennent en compte en complément des cas statiques :

- la diminution du potentiel de liquéfaction pour le ramener à une valeur admissible ;
- le comportement des colonnes avec les caractéristiques de sol sous séisme avec les cas de chargements générés.

Il convient donc de définir les contraintes de fonctionnement des ouvrages (voir chapitre 4) et de définir les caractéristiques mécaniques et hydrogéologiques des couches de sol avec et sans séisme.

La vérification des contraintes dans les colonnes est assurée lorsque sous combinaison accidentelle, la contrainte maximale dans la colonne est inférieure à la contrainte de rupture divisée par 1,5.

4.6 Action du séisme sur les murs de soutènement

Il est courant que les parois d'un réservoir soient enterrées. Les voiles extérieurs se trouvent donc soumis à l'action du liquide intérieur, mais également à la poussée des terres extérieures ; cette action est encore plus dimensionnante sur les réservoirs à parois planes.

De façon générale, le séisme crée sur les rideaux une poussée supplémentaire à la poussée des terres au repos.

À ce titre, la NF EN 1998-5 § 7 précise le principe général suivant :

« *Les ouvrages de soutènement doivent être conçus et dimensionnés de manière à remplir leur fonc-*

tion pendant et après un séisme, sans subir de dommages structuraux significatifs.

(2) Des déplacements permanents, sous la forme d'une combinaison de glissement et de bascule-ment, ce dernier étant dû aux déformations irréversibles du sol de fondation, peuvent être accep-tables s'il est démontré qu'ils sont compatibles avec des exigences fonctionnelles et/ou esthétiques. »

On peut effectivement distinguer :

- les écrans susceptibles de se déplacer suffisamment pour laisser se développer dans le remblai un équilibre limite de poussée : le dimensionnement est alors mené selon la théorie des « écrans déplaçables » ;
- les écrans rigides qui sont eux dimensionnés selon la théorie des « écrans non déplaçables ».

Les parois enterrées des réservoirs en béton armé (comme les parois d'infrastructure) sont à considérer généralement comme des écrans rigides.

Les efforts supplémentaires de poussée apportés par le séisme sont le plus souvent évalués selon la méthode de Mononobé-Okabé (fondée sur la théorie de Coulomb).

Il s'agit d'une méthode quasi statique qui conduit à des résultats corrects pour la valeur de la poussée, mais parfois erronés pour la position du centre de poussée.

4.6.1 Principe de la méthode de Mononobé-Okabé

La méthode consiste à calculer l'équilibre d'un massif pulvérulent soumis de façon pseudo-statique :

- à l'accélération de la pesanteur ;
- aux accélérations horizontales et verticales du sol.

L'action résultante est alors l'effet d'une accélération inclinée par rapport à la verticale d'un angle θ.

Dans la pratique, on utilise les formules classiques d'un équilibre de massif, mais en prenant en compte une rotation d'angle θ des efforts.

Les principaux paramètres nécessaires pour appliquer la méthode sont donc :

- données concernant le mur :
    - longueur du parement : L,
    - hauteur du mur : H ;
- données concernant le sol :
    - angle de frottement interne : φ,
    - angle de frottement du sol sur le mur : δ,
    - angle du terre-plein avec l'horizontale : β,
    - poids volumique du sol non déjaugé : γ,
    - hauteur (éventuelle) de la nappe : h,
    - poids volumique de l'eau : γ_w.

Le domaine d'application de la méthode impose que $\lambda = \arccos (H/L)$ soit compris entre $-10°$ et $+10°$.

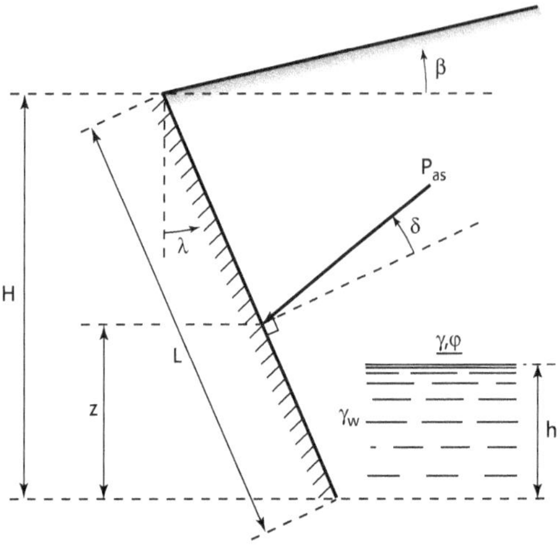

Figure 4.22 Schéma représentatif de la poussée dynamique
Xavier Lauzin

4.6.1.1 Détermination de la poussée dynamique active due aux terres

On définit l'angle apparent θ avec la verticale de la résultante des forces des masses appliquées au remblai derrière le mur par la formule :

$$\theta = \text{arctg } \sigma_h/(1 \pm \sigma_v).$$

La poussée dynamique active sur le mur vaut alors :

$$P_{ad} = 1/2\ \gamma\ L^2\ (1 \pm \sigma_v)\ K_{ad}.$$

Où K_{ad} est le coefficient de poussée dynamique active donné par la formule de Mononobé-Okabé.

$$K_{ad} = \frac{\cos^2(\varphi - \lambda - \theta)}{\cos(\lambda + \theta)\cos\theta\cos^2\lambda\left[1 + \sqrt{\frac{\sin(\varphi)\sin(\varphi - \beta - \theta)}{\cos(\lambda + \theta)\cos(\beta - \lambda)}}\right]^2}$$

$$K_{ad} = \frac{\cos^2(\varphi - \lambda - \theta}{\cos(\lambda + \theta)\cos\theta\cos^2\lambda} \qquad \text{si } \beta < \varphi - \theta.$$

Lorsque le parement du mur est vertical, les formules se simplifient ($\lambda = 0$) :

$$P_{ad} = \frac{1}{2}\gamma H^2(1 \pm \sigma_v)K_{ad}$$

$$K_{ad} = \frac{\cos^2(\varphi - \theta)}{\cos^2\theta\left[1 + \sqrt{\frac{\sin\varphi\sin(\varphi - \beta - \theta)}{\cos\theta\cos\beta}}\right]^2} \qquad \text{si } \beta \leq \varphi - \theta$$

$$K_{ad} = \frac{\cos^2(\varphi - \theta)}{\cos^2\theta} \qquad \text{si } \beta \geq \varphi - \theta$$

4.6.1.2 Incrément de la poussée dynamique active due aux terres pour un mur à parement vertical

Il s'agit de la différence entre la poussée dynamique et la poussée statique.

Sa valeur est alors :

$$\Delta P_{ad} = P_{ad} - \tfrac{1}{2}\, K_{as}\, \gamma\, H^2.$$

Où le coefficient Kas est donné par :

$$K_{as} = \frac{\cos^2(\varphi - \lambda)}{\cos(\delta + \lambda)\cos^2(\lambda)\left[1 + \sqrt{\frac{\sin(\varphi+\delta)\,\sin(\varphi-\beta)}{\cos(\delta+\lambda)\,\cos(\beta-\lambda)}}\right]^2}$$

Il est à noter que la poussée statique s'applique traditionnellement au tiers de la hauteur du mur, alors que l'incrément dynamique s'applique à 0,6 H à partir de la semelle.

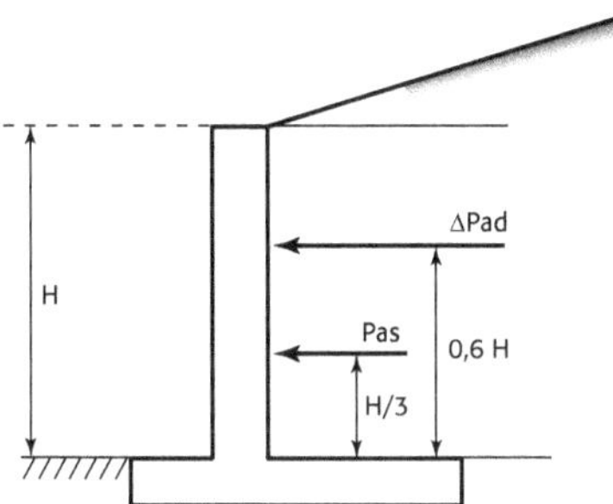

Figure 4.23 Principe d'application des efforts
Xavier Lauzin

4.6.2 Principe de la méthode de l'EN 1998-5

Le chapitre 7 de l'EN 1998-5 propose deux méthodes d'analyse des ouvrages de soutènement des terres :

- une méthode simplifiée appelée analyse pseudo-statique décrite plus en détail dans l'annexe E. Cette méthode s'inspire de la méthode décrite ci-dessus de Mononobé-Okabé ;
- une méthode simplifiée applicable aux structures rigides (non déplaçables) telles que les murs en infrastructure, les murs poids fondés sur le rocher ou sur pieux. Cette méthode apparaît également à la fin de l'annexe E.

Dans le premier cas, la force de poussée du sol agissant sur le mur est donnée par la formule E.1 (les formules E.1 à E.19 et 7.1 à 7.3 sont issues de l'EN 1998-5) :

$$E_d = \frac{1}{2}\gamma \times \left(1 \pm k_v\right)K \cdot H^2 + E_{ws} + E_{wd} \qquad (E.1)$$

Dans cette formule :

- H est la hauteur du mur ;
- E_{ws} est la poussée statique de l'eau ;
- E_{wd} est la pression hydrodynamique (définie ci-dessous) ;
- γ^* est le poids volumique du sol (défini ci-dessous de E.5 à E.7) ;

- K est le coefficient de poussée des terres (statique + dynamique) ;
- k_v est le coefficient sismique vertical ;
- δ est l'obliquité de la poussée sur le voile ;
- β est l'inclinaison du talus en tête du mur ;
- ψ est l'inclinaison du parement du mur sur l'horizontale.

Le coefficient K de Mononobé-Okabé est défini par la formule :

si $\beta \leq \Phi'_d - \theta$

$$K = \frac{\sin^2(\psi + \Phi'_d - \theta)}{\cos\theta \sin^2\psi \sin(\psi - \theta - \delta_d)\left[1 + \sqrt{\frac{\sin(\Phi'_d + \delta_d)\sin(\Phi'_d - \beta - \theta)}{\sin(\psi - \theta - \delta_d)\sin(\psi + \beta)}}\right]^2} \qquad \text{(E.2)}$$

si $\beta > \Phi'_d - \theta$

$$K = \frac{\sin^2(\psi + \Phi - \theta)}{\cos\theta \sin^2\psi \sin(\psi - \theta - \delta_d)} \qquad \text{(E.3)}$$

Le coefficient de butée est alors donné par la formule (E.4).

Il convient de noter qu'il existe une erreur dans la formule E.3 où il convient de remplacer Φ par Φ'_d.

Dans ces formules, les notations sont les suivantes :

- Φ'_d est la valeur de calcul de l'angle de frottement du sol, soit : $\tan^{-1}(\tan\Phi'/\gamma_\Phi')$;
- Φ' est l'angle de frottement du sol en terme de contrainte effective ;
- γ_Φ' vaut 1,25 : coefficient partiel ;
- θ est l'angle d'inclinaison de l'accélération apparente défini aux § E.5, E.6 et E.7 ;
- δ_d est la valeur de calcul de l'angle de frottement entre le sol et le mur : $\tan^{-1}(\tan\delta/\gamma_\Phi')$.

La prise en compte de l'action de l'eau sur le soutènement est donnée par l'EN 1998-5 selon le niveau de la nappe. On distingue alors les trois cas suivants :

- *le niveau de la nappe est situé au-dessous du mur*, les valeurs des paramètres précédents deviennent :

$$\gamma* = \gamma \text{ est le poids volumique du sol} \qquad \text{(E.5)}$$

$$\tan\theta = \frac{k_h}{1 \pm k_v} \qquad \text{(E.6)}$$

$$E_{wd} = 0 \qquad \text{(E.7)}$$

- Dans cette formule, k_h et k_v sont respectivement les valeurs des coefficients sismiques horizontaux et verticaux, avec généralement :
- $k_h = a_g/g \times S$ et $k_v = \pm 0,5\, k_h$;
- *le sol à soutenir est situé sous le niveau de la nappe* imperméable dans des conditions dynamiques, les paramètres valent alors :

$$\gamma* = \gamma - \gamma_w \tag{E.12}$$

$$\tan \theta = \frac{\gamma}{\gamma - \gamma_w} \frac{k_h}{1 \pm k_v} \tag{E.13}$$

$$E_{wd} = 0 \tag{E.14}$$

- Le sol étant considéré comme dynamiquement imperméable, l'eau ne peut alors circuler librement et sa contribution à la pression hydrodynamique est alors nulle. Seule demeure la poussée hydrostatique E_{ws} ;

- *le sol à soutenir est situé sous le niveau de la nappe* perméable dans des conditions dynamiques, les paramètres valent alors :

$$\gamma* = \gamma - \gamma_w \tag{E.15}$$

$$\tan \theta = \frac{\gamma_d}{\gamma - \gamma_w} \frac{k_h}{1 \pm k_v} \tag{E.16}$$

$$E_{wd} = \frac{7}{12} k_h \cdot \gamma_w \cdot H^2 \tag{E.17}$$

- E_{wd} est la pression hydrodynamique de l'eau qui peut circuler librement dans le sol.

- Cette pression vient en complément de la poussée hydrostatique E_{ws}.

Dans le second cas, la force de poussée du sol agissant sur le mur est donnée par la formule E.19 :

$$\Delta P_d = \alpha \cdot S \cdot \gamma \cdot H^2 \tag{E.19}$$

Cette formule est applicable à un mur vertical soutenant un remblai horizontal.

On retrouve ainsi la valeur de l'incrément de poussée des terres évoqué plus haut.

Dans cette formule :

- H est la hauteur du mur ;

- $\alpha = a_g/g$, le rapport de la valeur de calcul de l'accélération du sol pour sol de classe A, a_g, à l'accélération de la pesanteur, g ;

- a_g, la valeur de calcul de l'accélération du sol pour le sol de classe A ($a_g = \gamma_I \, a_{gR}$) ;

- a_{vg}, la valeur de calcul de l'accélération du sol dans la direction verticale ;

- γ, le poids volumique du sol ;

- S, le paramètre caractéristique de la classe de sol.

Le point d'application de la poussée est pris à mi-hauteur du mur.

Nota

En l'absence d'études spécifiques, les coefficients sismiques horizontal (k_h) et vertical (kv) affectant toutes les masses doivent être pris égaux à :

$$k_h = \alpha \frac{S}{r} \tag{7.1}$$

$$k_v = \pm 0,5 k_h \text{ si } \frac{a_{vg}}{a_g} \text{ est supérieur à } 0,6 \tag{7.2}$$

$$k_v = \pm 0,33 k_h \text{ dans tous les autres cas} \tag{7.3}$$

Où le facteur *r* prend les valeurs indiquées dans le tableau 4.14 en fonction du type d'ouvrage de soutènement. Pour les murs ne dépassant pas 10 m, le coefficient sismique doit être pris constant sur toute la hauteur.

Tableau 4.14 Valeurs de *r* (EN 1998-5)

Type d'ouvrage de soutènement	*r*
Murs-poids libres pouvant accepter un déplacement jusqu'à d_r = 300 μ - S (mm)	2
Murs-poids libres pouvant accepter un déplacement jusqu'à d_r = 200 μ - S (mm)	1,5
Murs fléchis en béton armé, murs ancrés ou contreventés, murs en béton renforcé fondés sur pieux verticaux, murs d'infrastructure encastrés et culées de ponts	1

4.6.3 Application numérique

Considérons un mur de soutènement susceptible de se déplacer et ayant les caractéristiques suivantes :

- *géométrie* :

  – hauteur des terres à soutenir : 5 m,

  – inclinaison du parement : 0 °,

  – inclinaison du talus par rapport à l'horizontale : 0° ;

- *caractéristiques du sol* :

  – poids spécifique non déjaugé : 18 kN/m^3,

  – angle de frottement interne des remblais : 30°,

  – angle de frottement sol-écran et statique et dynamique : 0 °,

  – angle de frottement de calcul : Φ'd = arctg (tg Φ/1,25) = 24,8° ;

- *séisme* :

  – accélération nominale : 2 m/s^2,

  – coefficient d'amplification topographique : 1,

  – classification du sol : A,

  – paramètre de sol S = 1 (zone 2 à 4).

Il n'a pas été pris en compte de charge sur le terre-plein.

Nota

Les règles PS92 imposaient de prendre δ = 0.

Caractéristiques du séisme

Les coefficients sismiques verticaux et horizontaux valent respectivement :

k$_h$ = a_g/g × S = 2/9,81 × 1 = 0,20 et kv = ± 0,5 k$_h$ = 0,10.

On en déduit que la poussée dynamique active due aux terres derrière le mur est fonction des valeurs que peut prendre l'angle apparent θ, soit les deux valeurs suivantes :

- θ$_1$ = arctg (k$_h$/(1 + k$_v$)) = arctg (0,20/(1 + 0,10)) = 10,30° (séisme vers le haut) ;
- θ$_2$ = arctg (k$_h$/(1 − k$_v$)) = arctg (0,20/(1 − 0,10)) = 12,52° (séisme vers le bas).

Les coefficients de poussée dynamiques valent alors :

K = $\sin^2(90 + 24,8 - 10,30)/[\cos10,30 \sin^2 90 \sin(90 - 10,30) (1 + ((\sin24,8 \sin(24,8 - 10,30))/(\sin(90 - 10,30)\sin90)^{1/2}]^2$.

K = 0,55.

La poussée dynamique active est alors donnée par :

Fd = $1/2 \gamma (1 \pm k_v) K H^2$ = 0,5 18 (1 + 0 ,10) 0,55 25 = 136,12 kN/ml de mur.

4.7 Les canalisations

L'EN 1998-4 traite spécifiquement des canalisations aériennes et des canalisations enterrées.

Ces dispositions sont applicables aux ouvrages neufs, mais peuvent également être utiles pour l'évaluation sismique des canalisations existantes.

Il est fait la différence entre les canalisations indépendantes (canalisation dont le comportement pendant et après séisme n'est pas influencé par d'autres canalisations) et les réseaux redondants.

4.7.1 Les canalisations aériennes

4.7.1.1 Exigences de sécurité

Les canalisations doivent être maintenues en fonctionnement pendant et après séisme selon un mode minimal, même avec des dommages locaux qui peuvent être importants.

Il peut être accepté une déformation globale de la canalisation si cette dernière reste inférieure à celle atteinte lorsque le matériau travaille à sa limite élastique majorée de 50 % tant que le mode de fonctionnement est préservé.

Les états limites envisagés en terme de sécurité sont principalement liés aux risques d'explosion (canalisation de gaz) et de combustion.

4.7.1.2 Action sismique

Le calcul sismique des canalisations aériennes doit être réalisé en prenant en compte :

- le mouvement du à l'inertie des canalisations ;
- le mouvement différentiel entre les appuis de la canalisation.

Il est mené au moyen :

- d'une analyse modale spectrale avec le spectre de calcul précisé au § 3.2.2.5 de l'EN 1998-1 ;
- de la méthode de l'effort latéral en prenant comme valeur de l'accélération 1,5 fois le pic du spectre s'appliquant au support de la canalisation.

4.7.1.3 Coefficient de comportement

Pour les canalisations en acier soudé dépourvues d'isolation sismique et ayant un rapport rayon/épaisseur inférieur à 50, on prendra q = 3.

Si le rapport est inférieur à 100, on prendra q = 2, sinon on prendra q = 1,5 maximum.

Les supports des canalisations sont calculés avec une action sismique multipliée par $(1 + q)/2$ où q est le coefficient de comportement de la canalisation.

4.7.2 Les canalisations enterrées

4.7.2.1 Exigences de sécurité

L'exigence de sécurité est la même que pour les canalisations aériennes.

4.7.2.2 Action sismique

Le calcul sismique doit prendre en compte :

- les ondes sismiques se propageant dans les sols fermes avec possibilité de mouvements différentiels ;
- les déformations permanentes (déplacement de la faille, glissements de sol, liquéfaction…).

L'annexe B de l'EN 1998-4 (informative) fournit les éléments de calcul.

L'action sismique sur les canalisations peut être caractérisée par le spectre de réponse élastique du site.

En négligeant les forces d'inertie qui s'exercent sur la canalisation, l'interaction sol/ouvrage est ramenée à un calcul statique de déformation lié au passage d'une onde de déplacement.

Il est alors loisible de négliger les effets dynamiques.

Une méthode simplifiée consiste à représenter le mouvement du sol par une onde sinusoïdale telle que :

$$u(x, t) = -d\sin(\varpi(t - \frac{x}{c})).$$

Où :

- d est l'amplitude totale du déplacement ;
- c est la célérité apparente de l'onde.

En supposant que l'axe de la canalisation coïncide avec la direction de propagation, la déformation induite dans la canalisation peut être mise sous la forme :

$$\varepsilon = \frac{\delta u}{\delta x} = -\varpi\frac{d}{c}\cos\left(\varpi\left(t - \frac{x}{c}\right)\right).$$

La valeur est maximale lorsque

$$\cos\left(\varpi\left(t - \frac{x}{c}\right)\right) = 1, \text{ soit } \varepsilon_{\max} = -\varpi\frac{d}{c}.$$

En posant :

$$v = -\varpi d = \text{ vitesse maximale du sol, alors } \varepsilon_{\max} = \frac{v}{c}.$$

Le mouvement transversal du sol induit dans la canalisation une courbure χ telle que :

$$\chi = \frac{\delta^2 u}{\delta x^2} = -\frac{\varpi^2 d}{c^2} \sin\left(\varpi\left(t - \frac{x}{c}\right)\right).$$

Soit une valeur maximale :

$$\chi_{\max} = \frac{a_m}{c^2}$$

où a_m est l'accélération maximale du sol.

CHAPITRE 5

Les dispositions constructives

5.1 Généralités

Ces dispositions issues de l'EN 1998-1 s'appliquent principalement aux bâtiments et aux ouvrages annexes des réservoirs.

La conception de la structure des bâtiments doit pouvoir dissiper une partie suffisante de l'énergie du séisme sans diminution sensible de la résistance globale, ce qui suppose en particulier que les déformations des zones critiques soient compatibles avec la ductilité des structures.

Il en résulte trois classes de ductilité :

- une classe de ductilité limitée (DCL), cette classe n'est admise que dans les cas de faible sismicité ;
- une classe de ductilité moyenne (DCM) ;
- une classe de haute ductilité (DCH).

Les deux dernières classes se caractérisent par des dispositions constructives particulières au niveau des éléments structuraux et des valeurs différentes du coefficient de comportement q pour chacune des classes.

5.1.1 Classe DCL

5.1.1.1 Domaine d'application

Zone de faible sismicité.

5.1.1.2 Matériaux

Aciers de catégorie B ou C.

L'annexe C de l'EN 1992-1-1 définit ces catégories d'acier de la façon suivante (tableau 5.1) :

Tableau 5.1 Tableau des caractéristiques des aciers

Critères	Catégorie B	Catégorie C
Allongement sous charge maximale	> 5 %	> 7,5 %
Rapport k des contraintes (ultimes / élastiques)	> 1,08	> 1,15

5.1.1.3 Coefficient de comportement

$q < 1,5$.

5.1.2 Classe DCM

5.1.2.1 Domaine d'application

Toutes les zones sismiques.

5.1.2.2 Matériaux

Béton de classe minimum C16/20.

Aciers : dans les zones critiques aciers HA de type B ou C.

5.1.2.3 Coefficients de comportement

Tableau 5.2 Tableau des valeurs de base de q_0

Type de structure	Valeur du coefficient q_0
Système à ossature	$3\ a_u/a_1$
Murs couplés	3,00
Structure à noyau	2,00
Structure en pendule inversé	1,5

Avec :

- a_u = coefficient multiplicateur de la valeur de l'action sismique horizontale pour atteindre la formation de rotule plastique ;
- a_1 = coefficient multiplicateur de la valeur de l'action sismique pour atteindre la résistance en flexion d'un élément.

Les valeurs du coefficient de comportement sont alors données par :

$q = k_w\ q_0$.

Où :

- k_w = 1 pour les ossatures ou les systèmes à contreventement mixte ;
- k_w = Max $((1 + a_0)/3 ; 0,5)$ pour les systèmes de murs et à noyau.

5.1.2.4 Contraintes géométriques

Poutres

- L'excentricité de l'axe de la poutre et du poteau support doit être inférieure $b_c/4$ où b_c est la dimension transversale du poteau ;

- la largeur b_w de la poutre doit respecter la condition : $b_w < \min (b_c + h_w ; 2b_c)$ où h_w est la hauteur de la poutre.

Poteaux

Pour les poteaux primaires en flexion composée, la dimension de la section transversale doit être supérieure à $l_c/10$ où l_c est la distance entre le point d'inflexion et l'extrémité du poteau.

5.1.2.5 Dispositions constructives pour la ductilité locale

Armatures transversales dans les zones critiques des poutres

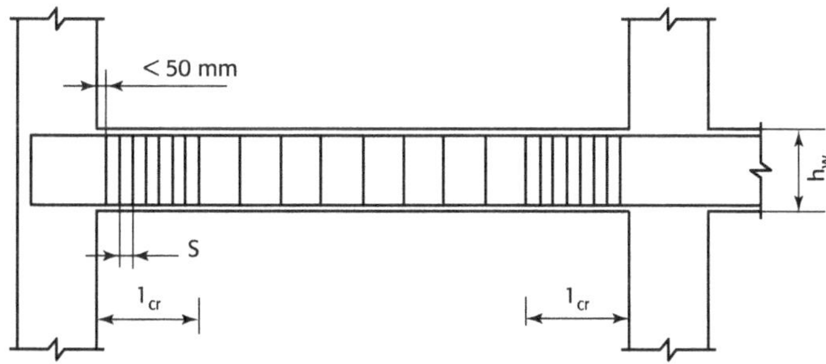

Figure 5.1

Les armatures de confinement doivent respecter les conditions suivantes :

- le diamètre des armatures doit être supérieur à 6 mm ;

- l'espacement doit être inférieur à Min ($h_w/4$; $24d_{bw}$; 225 ; $8d_{bl}$) où d_{bl} est le diamètre minimal des barres longitudinales, h_w la hauteur de la poutre, d_{bw} le diamètre minimum des armatures de confinement

Le pourcentage d'armatures de la zone tendue doit être supérieur à $0,5\dfrac{f_{ctm}}{f_{yk}}$

Armatures de confinement des poteaux primaires

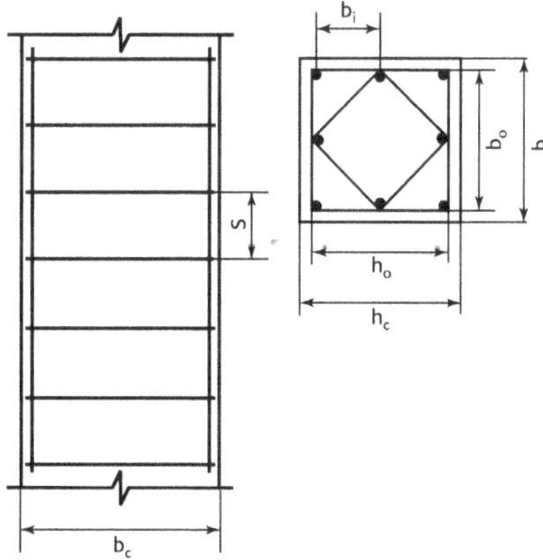

Figure 5.2

En l'absence de justification, la longueur critique l_{cr} vaut : Max (h_c ; $l_{cl}/6$; 0,45).

Avec : l_{cl} : longueur libre du poteau et hc plus grande dimension transversale du poteau.

Les zones critiques des poteaux primaires doivent être confinées par des armatures respectant les conditions suivantes :

- le diamètre des cadres et des épingles doit être supérieur à 6 mm ;
- l'espacement des armatures de confinement doit être inférieur à : Min ($b_0/2$; 175 mm ; $8d_{bl}$) où b_0 est la dimension minimale du noyau béton ;
- la distance entre barres longitudinales consécutives maintenues par des armatures de confinement ou des épingles doit être inférieure à 200 mm.

Nœuds poteaux-poutres

Les armatures de confinement horizontales du nœud poteau-poutre sont identiques à celles mentionnées ci-dessus pour les zones critiques des poteaux.

5.1.3 Classe DCH

5.1.3.1 Domaine d'application

Toutes les zones sismiques.

5.1.3.2 Matériaux

Béton de classe minimum C20/25 (sauf pour les éléments secondaires).

Aciers : dans les zones critiques des éléments primaires : aciers HA de type C.

5.1.3.3 Coefficients de comportement

Tableau 5.3 Tableau des valeurs de base de q_0

Type de structure	Valeur du coefficient q_0
Système à ossature	4,5 a_u/a_1
Murs couplés	4,0 a_u/a_1
Structure à noyau	3,00
Structure en pendule inversé	2,0

5.1.3.4 Contraintes géométriques

Poutres

- L'excentricité de l'axe de la poutre et du poteau support doit être inférieure $b_c/4$ où b_c est la dimension transversale du poteau ;
- la largeur b_w de la poutre doit être supérieure à 200 mm et respecter la condition précédente : $b_w < \min (b_c + h_w ; 2b_c)$ où hw est la hauteur de la poutre

Poteaux

Pour les poteaux primaires en flexion composée, la dimension de la section transversale doit être supérieure à $l_c/10$ où l_c est la distance entre le point d'inflexion et l'extrémité du poteau. Elle ne doit pas être inférieure à 250 mm.

5.1.3.5 Dispositions constructives pour la ductilité locale

Armatures transversales dans les zones critiques des poutres

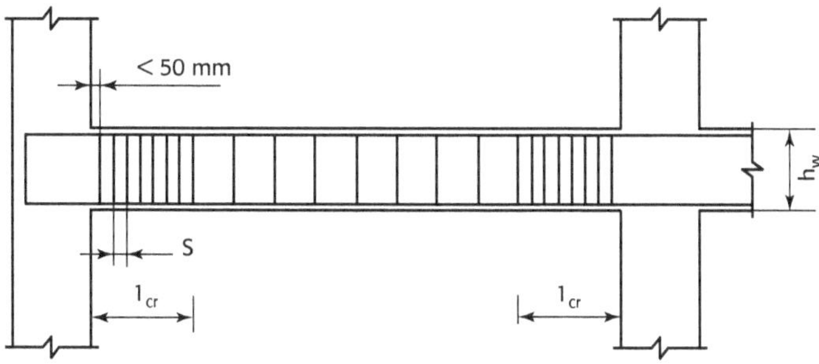

Figure 5.3 Principe de ferraillage

La longueur de la zone critique $l_{cr} = 1{,}5\ h_w$.

Les armatures de confinement doivent respecter les conditions suivantes :

- le diamètre des armatures doit être supérieur à 6 mm ;

- l'espacement doit être inférieur à Min ($h_w/4$; $24d_{bw}$; 175 ; $6d_{bl}$) où d_{bl} est le diamètre minimal des barres longitudinales, hw la hauteur de la poutre, dbw le diamètre minimum des armatures de confinement.

Sur toute la longueur d'une poutre primaire, il convient :

- le pourcentage d'armatures de la zone tendue doit être supérieur à $0{,}5\dfrac{f_{ctm}}{f_{yk}}$;

- de positionner au moins deux barres HA14 sur les faces supérieures et inférieures ;

- de prolonger sur appuis un quart de la section maximale des armatures supérieures.

Armatures de confinement des poteaux primaires

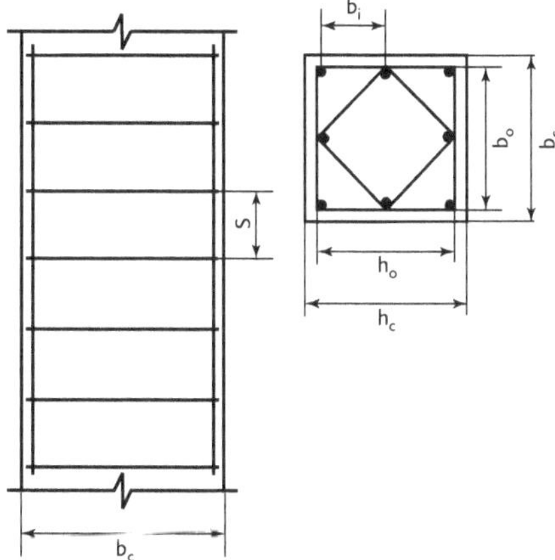

Figure 5.4 Principe d'armatures de confinement

Les zones critiques des poteaux primaires doivent être confinées par des armatures respectant les conditions suivantes :

- le diamètre des cadres et des épingles doit être supérieur à $0,4d_{bl,\max}\sqrt{\dfrac{f_{ydl}}{f_{ydw}}}$;

- l'espacement des armatures de confinement doit être inférieur à : Min ($b_0/3$; 125 mm ; $6d_{bl}$) où b_0 est la dimension minimale du noyau béton ;

- la distance entre barres longitudinales consécutives maintenues par des armatures de confinement ou des épingles doit être inférieure à 150 mm.

En l'absence de justification, la longueur critique l_{cr} vaut : Max ($1,5h_c$; $l_{cl}/6$; 0,60).

Avec : l_{cl} : longueur libre du poteau et h_c plus grande dimension transversale du poteau.

Nœuds poteaux-poutres

Les armatures de confinement horizontales du nœud poteau-poutre sont précisées au § 5.5.3.3 en fonction de la compression diagonale introduite dans le poteau.

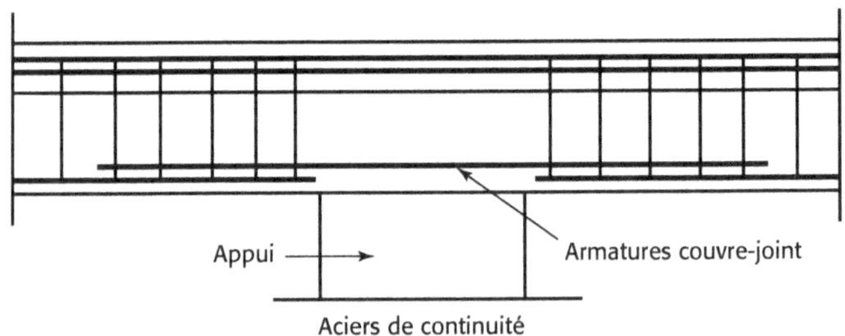

Figure 5.5 Aciers de continuité

5.2 Fondations

5.2.1 Fondations profondes (§ 5.8.3 de l'EN 1998-1)

Les pieux doivent être armés sur :

- toute leur longueur avec un nombre minimal de six barres de diamètre minimal 12 mm ;

- une longueur de 2^*d à partir de la sous-face du massif tête de pieu ainsi que sur une longueur de 2^*d de part et d'autre d'une interface entre deux couches de sol présentant des rigidités au cisaillement différentes, les dispositions constructives des zones critiques des poteaux en classe DCM sont à appliquer.

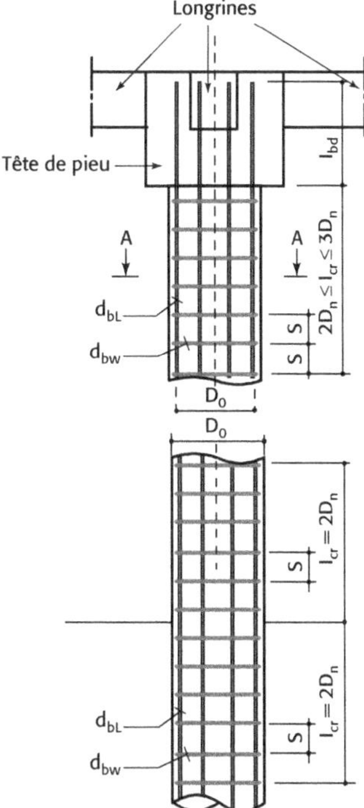

Figure 5.6 Principe de ferraillage des pieux

Pour les micropieux souvent utilisés sous les ouvrages de rétention de liquide de par leur capacité à travailler en traction et en compression, il est demandé que :

- la liaison avec la structure puisse être considérée comme un encastrement ;

- les micropieux comportent sur toute la hauteur de la couche de sol pouvant être influencée par le séisme, une section élargie par la mise en place d'un tube complémentaire qui doit permettre la transition des efforts de la section élargie à la section courante ;

- l'encastrement de la partie élargie dans le sol réputé non liquéfiable soit au moins de 2,5 fois le diamètre intérieur du chemisage.

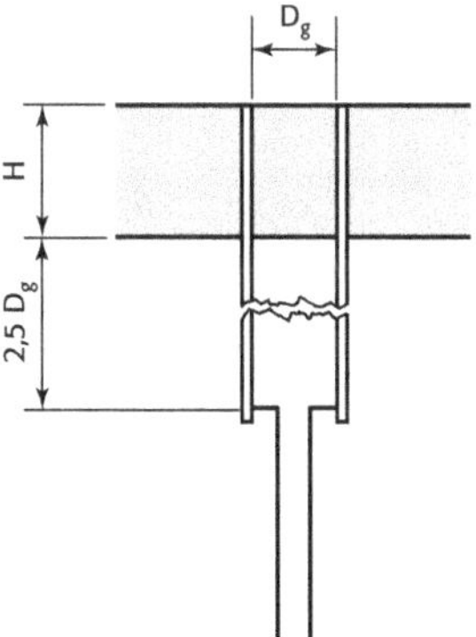

Figure 5.7 Principe de chemisage d'un micropieu

5.2.2 Fondations superficielles (§ 5.8.3 de l'EN 1998-1)

En complément des dispositions de l'EN 1998-1, les recommandations AFPS pour les ponts demandent pour les semelles superficielles :

- que les armatures inférieures sollicitées en traction représentent un pourcentage minimal de $1,4/f_{uk}$;
- que la section des armatures de la zone comprimée soit au moins égale à la moitié de celle de la zone tendue ;
- que des cadres calculés au minimum pour reprendre l'effort de cisaillement soient disposés de façon à ce que toutes les armatures longitudinales soient reliées tous les 40 cm.

Imprimé en Allemagne par BoD

Dépôt légal : juillet 2013

N° éditeur : 8996